FUWUQI DAJIAN YU GUANLI

国家中等职业教育改革发展示范学校建设系列成果

服务器搭建与管理

主　编　李　政　贺　帆
副主编　储　辛　梅　莹　周小力
编　者　王　兵　兰朝晖　吴　华　李　政　周小力
　　　　范　敏　郑忠阳　郑春晓　贺　帆　梅　莹
　　　　储　辛　雷　震
主　审　汪维清　吴仕荣

重庆大学出版社

内容提要

本书以网络中的具体应用为主线，以 Windows Server 2008 R2 操作系统为工具，介绍了中小型网络中常见服务器的配置与测试方法。全书共分九个模块，主要介绍了文件服务器、DHCP 服务器、DNS 服务器、Web 服务器、FTP 服务器、证书服务器、路由和远程访问服务器的配置与测试，最后还介绍了域环境的构建与组策略的应用。

书中每个模块由多个任务组成，每个任务又包含“任务描述”“任务分析”“任务实施”“任务小结”“练一练”等部分，对理论知识的介绍引入了“相关知识”加以说明，对关键的知识点还设置了“小提示”加以强调。每个任务及模块后均有实训题目，便于及时巩固、总结和提高。

本书内容充实，结构清晰，图文并茂，通俗易懂。书中的所有实验均在虚拟机软件 VirtulBox 中进行，特别适合用作中职院校计算机网络技术专业的教材或自学用书。

图书在版编目(CIP)数据

服务器搭建与管理/李政，贺帆主编.—重庆：重庆大学出版社，2015.3(2020.8 重印)
中等职业教育计算机专业系列教材
ISBN 978-7-5624-8880-4

Ⅰ.服… Ⅱ.李… ②贺… Ⅲ.①网络服务器—中等专业学校—教材 Ⅳ.①TP368.5

中国版本图书馆 CIP 数据核字(2015)第 038219 号

国家中等职业教育改革发展示范学校建设系列成果
服务器搭建与管理
主　编　李　政　贺　帆
副主编　储　辛　梅　莹　周小力
主　审　汪维清　吴仕荣
策划编辑：陈一柳
责任编辑：文　鹏　　版式设计：陈一柳
责任校对：谢　芳　　责任印制：赵　晟
*
重庆大学出版社出版发行
出版人：饶帮华
社址：重庆市沙坪坝区大学城西路 21 号
邮编：401331
电话：(023) 88617190　88617185(中小学)
传真：(023) 88617186　88617166
网址：http://www.cqup.com.cn
邮箱：fxk@cqup.com.cn (营销中心)
全国新华书店经销
POD：重庆新生代彩印技术有限公司
*
开本：787mm×1092mm　1/16　印张：13　字数：300 千
2015 年 3 月第 1 版　2020 年 8 月第 3 次印刷
ISBN 978-7-5624-8880-4　定价：35.00 元

编委会

前 言

随着信息时代的来临，各种中小型网络如雨后春笋般涌现。如何充分利用已有的网络资源，搭建方便实用的网络服务器是网络管理人员经常面临的问题。

网络操作系统是构建计算机网络的核心软件，是向网络计算机提供服务的特殊的操作系统。本教材以 Windows Server 2008 R2 为例，以搭建网络服务器为目标，介绍了几种常见服务器在网络中应用、配置、测试的方法和技巧。

本教材以中小型企业网络管理员工作岗位的工作任务为源头，分析、设计了几个典型的网络服务器应用场景，以解决网管理员面临的实际问题为主线来安排各模块内容，将抽象的理论知识融入到典型工作任务中，力争让学生理论够用、技能熟练、学以致用。

本教材建议授课时数为 72 学时。本书主要面向中职学生，为了提高学生的动手能力，采用了"项目导向、任务驱动"的编写体例。每个模块完成一个项目，每个模块又分解为若干个任务，每个任务包括"任务描述""任务分析""任务实施""任务小结""练一练"等环节，充分体现了"做中学"的职业教育理念，特别适合初学者自学及"理实一体化"教学。

本教材由李政、贺帆担任主编，储辛、梅莹、周小力担任副主编。全书分为九个模块，模块一由王兵、兰朝晖编写，模块二、模块六由李政、郑春晓编写，模块三由梅莹编写，模块四由储辛编写，模块五由周小力、雷震编写，模块七、模块八由贺帆、郑忠阳编写，模块九由范敏、吴华编写。全书由李政统稿，西南大学汪维清博士、重庆教育管理学校吴仕荣副部长主审。

本书在编写过程中，得到了重庆教育管理学校各级领导及计算机教学部全体同事、重庆大学出版社的大力支持与帮助，重庆第二师范大学陈军主任、重庆锐捷科技有限公司吴仕明经理、重庆弘茂信息技术有限公司梅鹏经理对全书的编写提出了很多宝贵的建设和意见，在此一并表示衷心感谢。

由于时间仓促及编者水平有限，书中难免存在不妥之处，恳请广大读者批评指正。

编　者
2014 年 12 月

目 录

模块一

构建网络环境

王明是一所中职学校计算机网络技术专业的学生，为了提升自身计算机网络技术水平，他想学习 Windows Server 2008 R2 网络操作系统的相关知识，组建自己的网络实验环境。王明仅有一台笔记本电脑，由于受到经费和场地的限制，他无法搭建真实的网络环境。那王明该怎么办呢？

学完本模块后，你将能够：

- 掌握虚拟机软件 VirtualBox 的使用；
- 安装 Windows Sever 2008 R2 操作系统；
- 进行 Windows Sever 2008 R2 的基本配置；
- 使用 ping 命令检查网络连通性。

任务一　安装 Windows Server 2008 R2

Windows Server 2008 R2 是微软的一款服务器操作系统，它以 Windows Server 2008 为基础，对现有技术进行了扩展并且增加了新的功能，使 IT 专业人员能够增强其组织的服务器基础结构的可靠性和灵活性。它提供了新的虚拟化工具、Web 资源、管理增强功能以及与 Windows 7 的集成功能，有助于用户控制、节省时间、降低成本，并为动态和高效的数据中心托管提供了平台。

任务描述

本任务将在虚拟机软件 VirtualBox 中安装 Windows Server 2008 R2 客户机操作系统。

【相关知识】

虚拟机(Virtual Machine)是指通过软件模拟的具有完整硬件系统功能的、运行在一个完全隔离环境中的完整计算机系统。目前流行的虚拟机软件有 VMware、VirtualBox 和 Virtual PC，它们都能在 Windows 系统上虚拟出多个计算机，使每个虚拟计算机都可以独立运行，并安装各种软件与应用等。

通俗地讲，虚拟机是将一台计算机虚拟化，实现一台计算机具备多台计算机的功能，但整机性能也会被各个虚拟机所分配划分，因此划分虚拟机越多，各个虚拟机所分配的 CPU、内存、存储空间资源也越少，故组建虚拟机的计算机通常是配置越高越好。虚拟机广泛使用于服务器等行业。

VirtualBox 是一款开源虚拟机软件，它由德国 InnoTek 公司开发。使用者可以在 VirtualBox 上安装并且运行 Solaris、Windows、DOS、Linux、OS/2 Warp、BSD 等系统作为客户端操作系统。

任务分析

要完成本任务，首先需要在物理主机中安装好虚拟机软件 VirtualBox，准备好 Windows Server 2008 R2 光盘镜像文件；然后在 VirtualBox 中创建虚拟计算机，规划好虚拟计算机的名称、内存大小、虚拟硬盘位置及大小等；最后在创建的虚拟计算机中安装 Windows Server 2008 R2 操作系统。

任务实施

1. 安装虚拟机软件 VirtualBox

如图 1-1 所示，双击 VirtualBox 安装程序，利用安装向导完成 VirtualBox 的安装。

图 1-1　安装 VirtualBox

2. 创建虚拟计算机

①如图 1-2 所示，打开 VirtualBox 管理器，单击“新建”按钮。

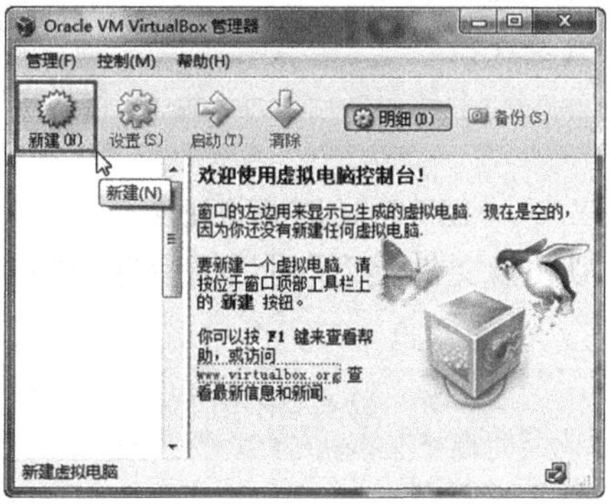

图 1-2　新建虚拟计算机

②如图 1-3 所示，在“虚拟电脑名称和系统类型”对话框中输入虚拟计算机的名称，选择操作系统的类型及版本，单击“下一步”按钮。

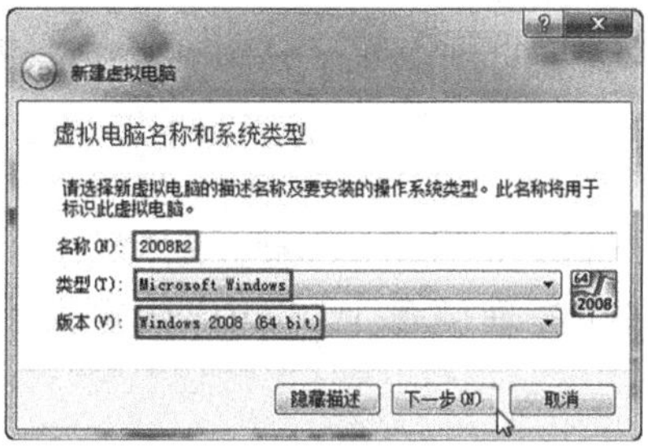

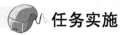

图 1-3　设置虚拟计算机名称和系统类型

③如图 1-4 所示，在“内存大小”对话框中指定分配给虚拟计算机的内存大小为 1 024 MB，单击“下一步”按钮。

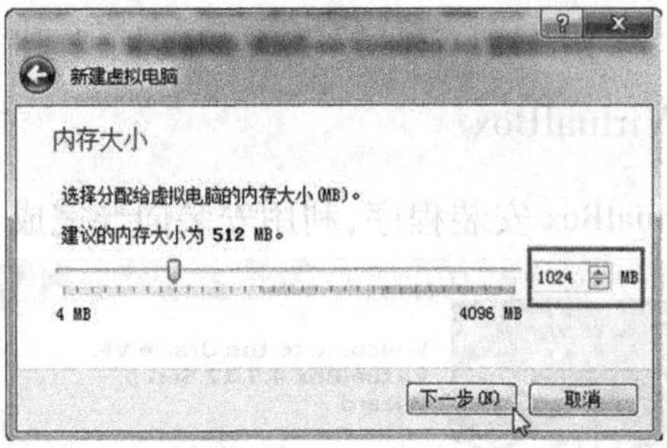

图 1-4　指定内存大小

④如图 1-5 所示，在“虚拟硬盘”对话框中选中“现在创建虚拟硬盘”单选按钮，单击“创建”按钮。

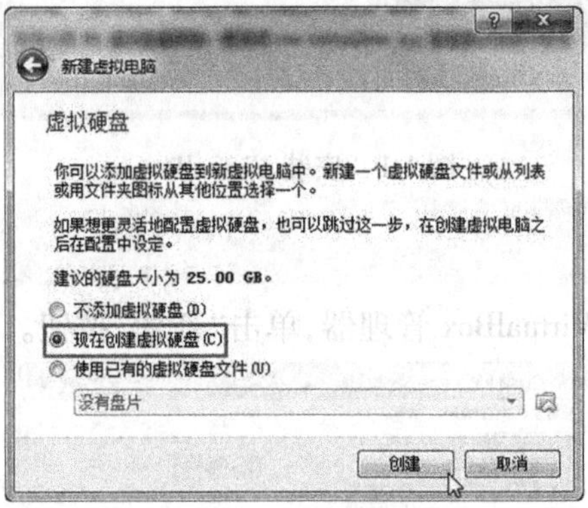

图 1-5　创建虚拟硬盘

⑤如图 1-6 所示，在“虚拟硬盘文件类型”对话框中选中“VDI(VirtualBox 磁盘映像)”单选按钮，单击“下一步”按钮。

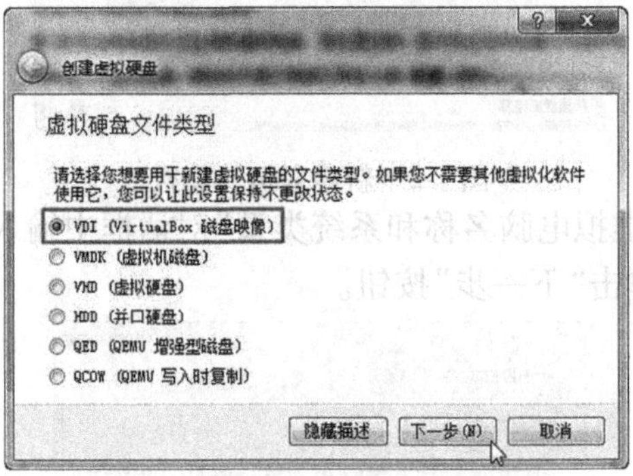

图 1-6　指定虚拟硬盘文件类型

⑥如图 1-7 所示，在“存储在物理硬盘上”选中“固定大小”单选按钮，单击“下一步”按钮。

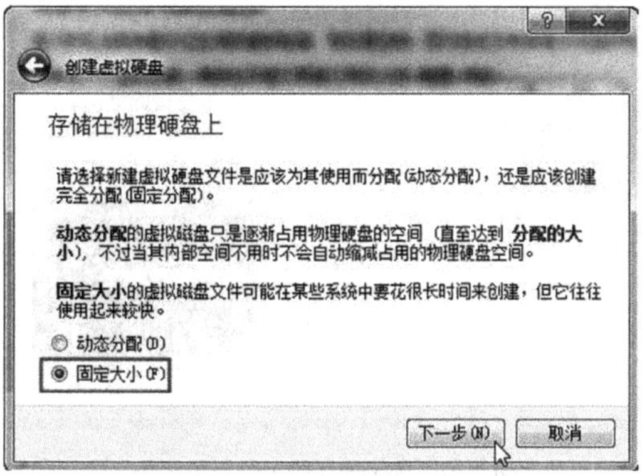

图 1-7　选择虚拟硬盘文件占用硬盘空间方式

小提示

- 若物理主机硬盘有足够的剩余空间，最好选择“固定大小”，这样可以获得更快的访问速度。

⑦如图 1-8 所示，在“文件位置和大小”对话框中指定虚拟硬盘文件的存储位置和大小，单击“创建”按钮。

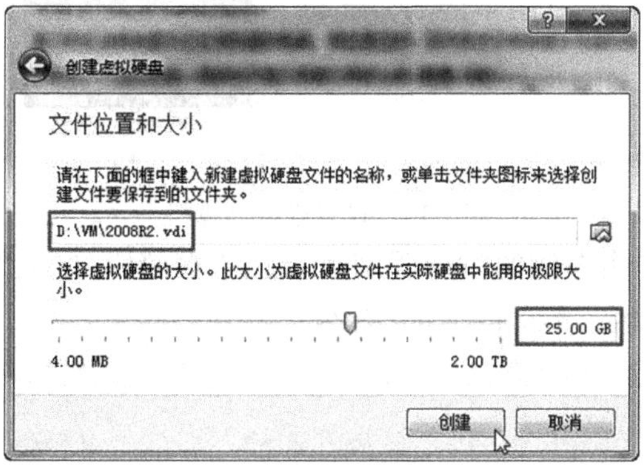

图 1-8　指定文件位置和大小

⑧如图 1-9 所示，开始创建虚拟硬盘。

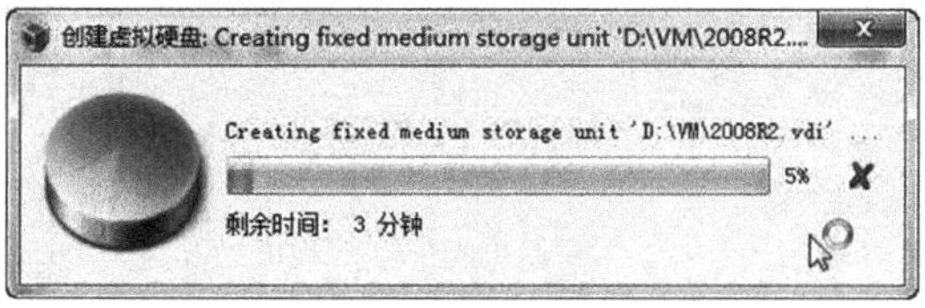

图 1-9　正在创建虚拟硬盘

⑨如图 1-10 所示，虚拟计算机创建完成。

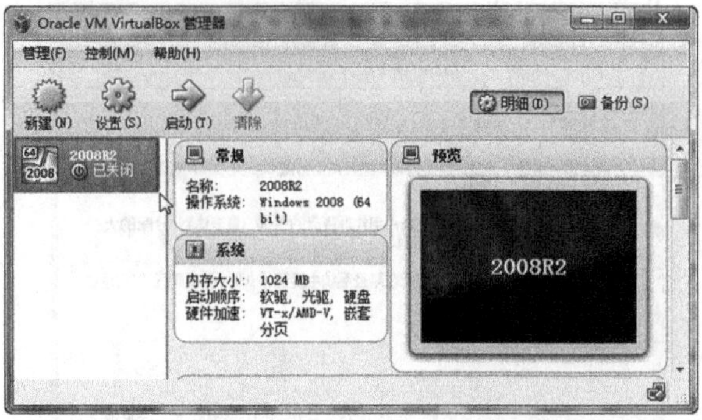

图 1-10　虚拟计算机创建完成

3. 设置虚拟计算机

①打开 VirtualBox 管理器。

②如图 1-11 所示，选中刚创建好的虚拟计算机 2008 R2，单击工具栏的“设置”按钮。

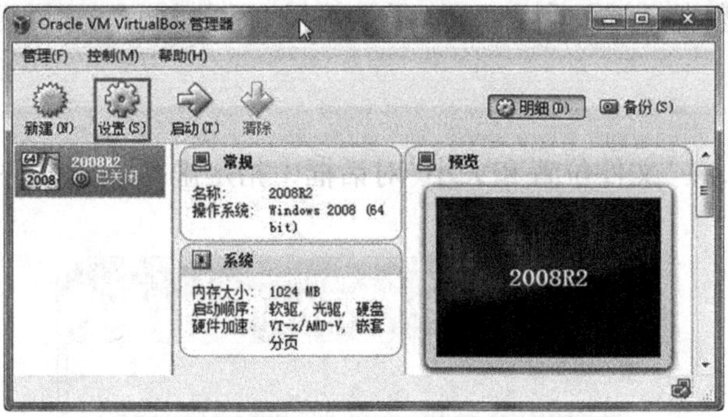

图 1-11　设置虚拟计算机

③如图 1-12 所示，单击左侧的“存储”节点，选中“存储树”区域的虚拟光驱，再单击属性区域的按钮，执行“选择一个虚拟光盘”命令。

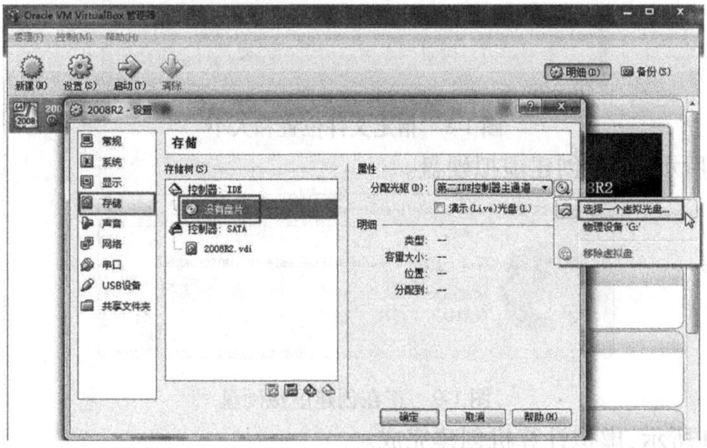

图 1-12　设置虚拟光驱

④如图 1-13 所示，浏览并选中 Windows Server 2008 R2 光盘镜像文件，单击“打开”按钮。

图 1-13　选择光盘镜像文件

⑤如图 1-14 所示，虚拟光盘已加载到虚拟光驱，单击“确定”按钮。

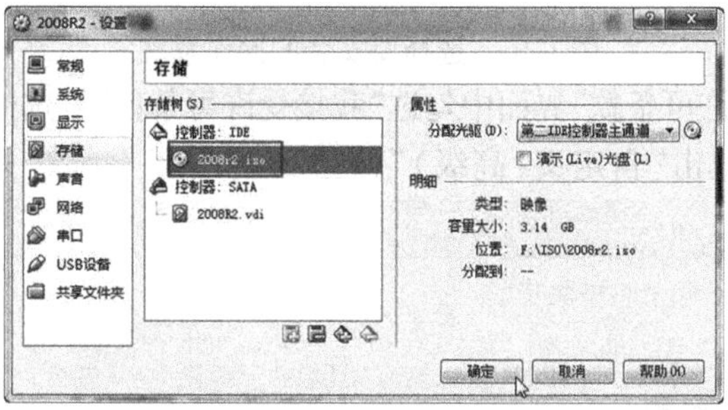

图 1-14　虚拟光盘加载完毕

4. 在虚拟机计算机中安装 Windows Server 2008 R2

①打开 VirtualBox 管理器，选中前面创建好的 2008 R2 虚拟计算机，单击工具栏的“启动”按钮。

②稍等片刻，出现如图 1-15 所示的安装 Windows 界面，保持默认设置，单击“下一步”按钮。

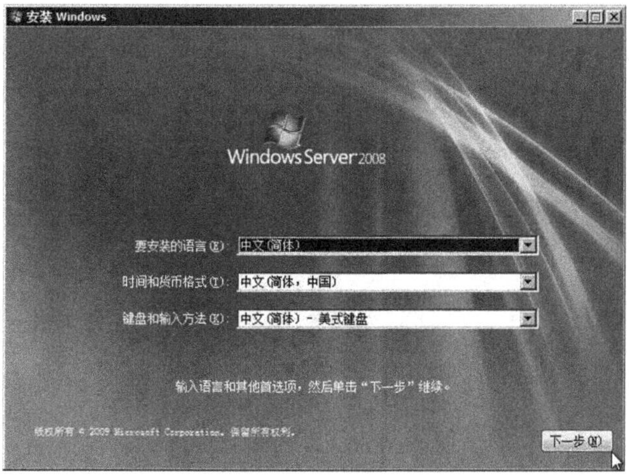

图 1-15　选择安装语言及其他首选项

③在接下来的安装界面中单击"现在安装(I)"按钮。

④如图 1-16 所示,选择要安装的操作系统为"Windows Server 2008 R2 Standard(完全安装)",单击"下一步"按钮。

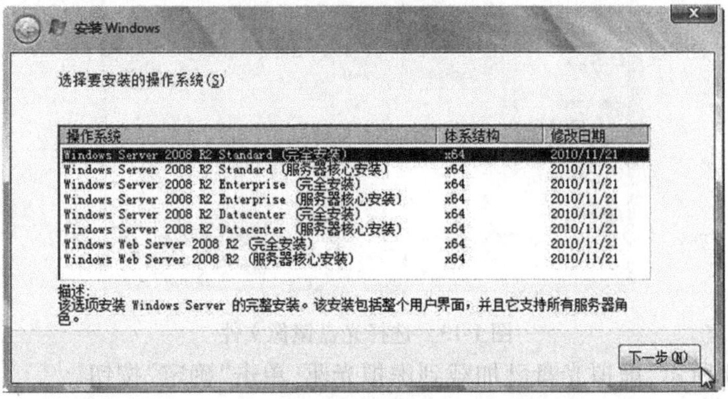

图 1-16　选择要安装的操作系统

⑤在出现的"请阅读许可条款"界面中勾选"我接受许可条款"复选框,单击"下一步"按钮。

⑥如图 1-17 所示,单击"自定义(高级)"按钮。

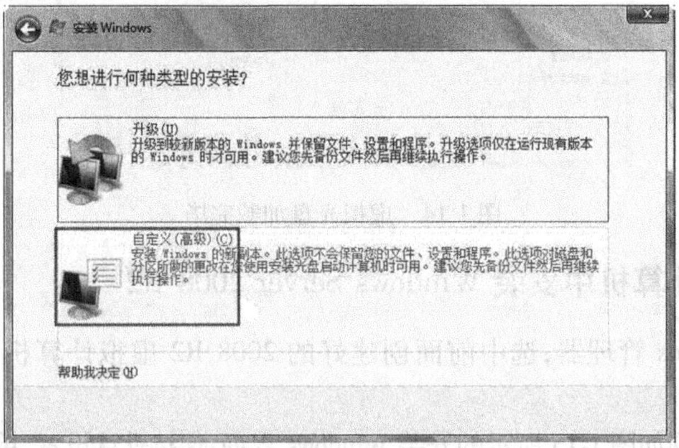

图 1-17　选择自定义安装

⑦如图 1-18 所示,选中"磁盘 0 未分配空间",单击"驱动器选项(高级)"链接。

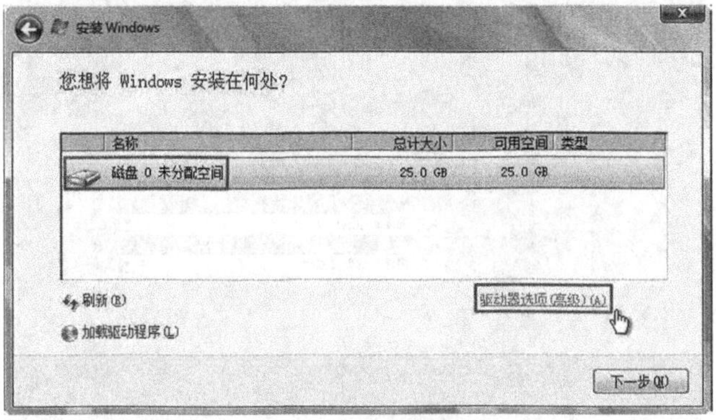

图 1-18　准备为磁盘分区

⑧如图 1-19 所示，单击“新建”链接，输入分区大小，再单击“应用”按钮。

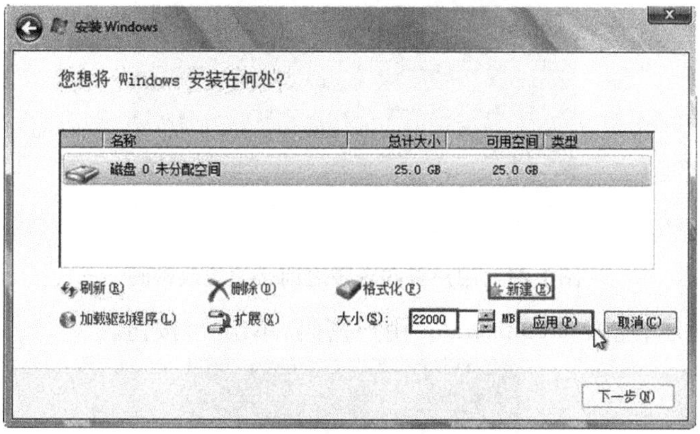

图 1-19　指定分区大小

⑨在随后弹出的对话框中单击“确定”按钮。

⑩如图 1-20 所示，选中“磁盘 0 分区 2”，单击“下一步”按钮。

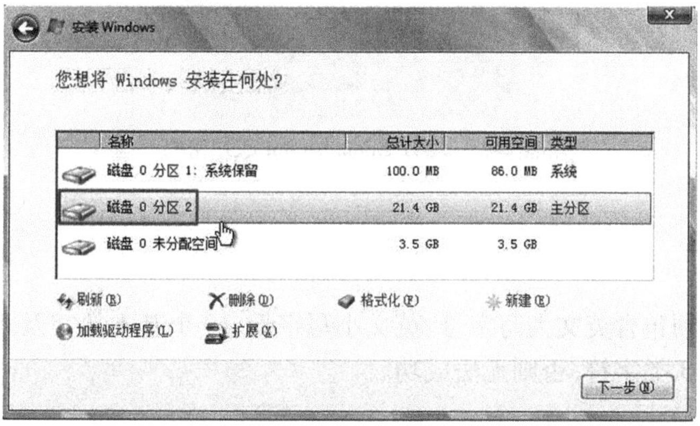

图 1-20　选择系统安装到的分区

⑪如图 1-21 所示，开始安装 Windows。

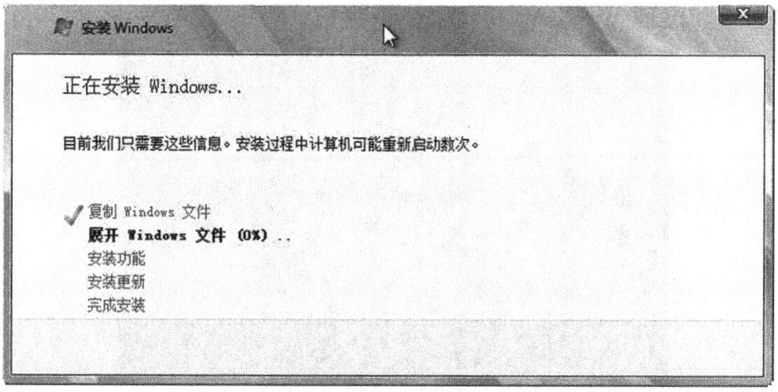

图 1-21　开始安装 Windows

⑫安装过程将自动进行，中途将重启动 Windows。

⑬如图 1-22 所示，提示“用户首次登录之前必须更改密码”，单击“确定”按钮。

图 1-22　用户首次登录之前必须更改密码

⑭如图 1-23 所示，输入 Administrator 用户密码，单击➔按钮。

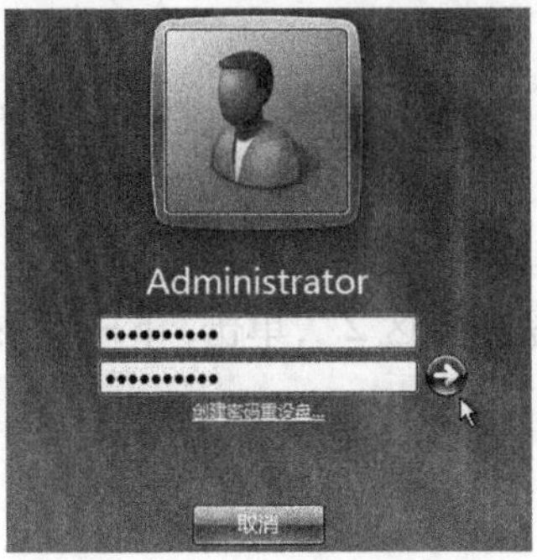

图 1-23　输入 Administrator 账户密码

小提示

- 用户密码必须包含英文大写字母、英文小写字母、10 个基本数字及非字母字符这 4 类字符中的 3 类字符，否则无法成功。

⑮在弹出的“您的密码已修改”界面中单击“确定”按钮。

⑯关闭随后打开的“初始配置任务”窗口和“服务器管理器”窗口。

⑰如图 1-24 所示，出现 Windows 桌面，安装完成。

图 1-24　进入 Windows 桌面

任务小结

在 VirtualBox 中安装 Windows Server 2008 R2 操作系统主要分为两步：第一步，创建虚拟计算机。相当于添加了一台新计算机，但其硬盘尚未格式化；第二步，将操作系统安装到虚拟计算机的硬盘上。安装操作系统过程中需要对虚拟计算机的硬盘进行分区。安装完成后会提示设置 Administrator 账户密码，用户必须记住该密码，否则下次将无法登录 Windows。

【练一练】

在主机上安装 VirtualBox，在 VirtualBox 中安装 Windows Server 2008 R2 操作系统。

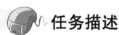

任务二　Windows Server 2008 R2 基本设置

刚安装好的 Windows Server 2008 R2 系统桌面除了“回收站”图标外一片空白，让我们无从下手。同时我们还明显感觉到虚拟机与主机之间切换还不够流畅。通过在虚拟机中安装客户端增强包，可以提升虚拟机的性能，增强虚拟机与主机之间的交互性。为了能让虚拟机与网络中的其他计算机通信，还需要进行其他基本设置。

任务描述

本任务首先在虚拟机中安装增强功能包，用来改善虚拟机的性能；然后显示 Windows Server 2008 R2 桌面上被隐藏的图标，使其更符合操作者的操作习惯；最后设置计算机的名称与 IP 地址，保证它们在网络中的唯一性，避免与网络中的其他计算机冲突。

任务分析

增强功能包应在客户机操作系统中安装。显示 Windows Server 2008 R2 被隐藏的桌面图标可以通过搜索功能来完成。修改计算机名称和设置计算机 IP 地址是 Windows 中常见的操作，非常简单。

任务实施

1. 在虚拟机中安装增强功能

①启动 2008 R2 虚拟机。

②如图 1-25 所示，选择“设备”菜单中的“安装增强功能”命令。

图 1-25　安装增强功能

③执行“开始”→“计算机”命令，打开计算机窗口。

④如图 1-26 所示，双击“CD 驱动器(D:)VirtualBox Guest Additions”图标。

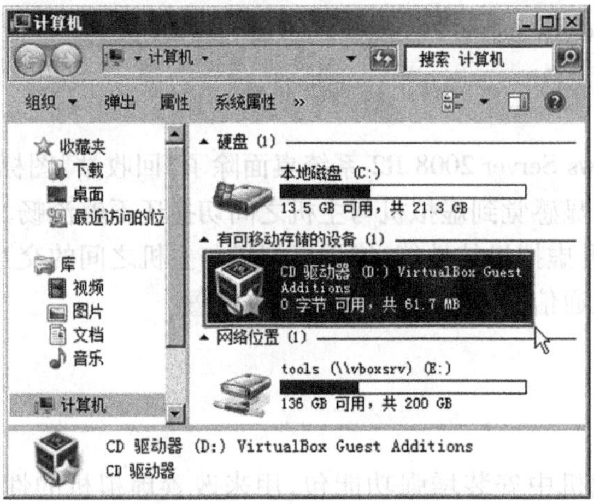

图 1-26　打开 VirtualBox Guest Additions 光盘

⑤如图 1-27 所示，双击“VBoxWindowsAdditions”文件。

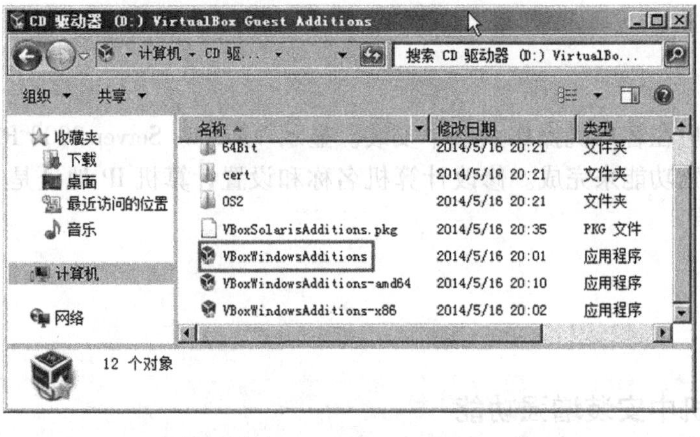

图 1-27　运行增强功能安装程序

⑥利用安装向导完成增强功能的安装，完成后重新启动虚拟机，使增强功能生效。

2. 显示被隐藏的桌面图标

①单击“开始”菜单，在搜索框中输入“icon”，在显示的搜索结果中选择“显示或隐藏桌面上的通用图标”命令。

②如图 1-28 所示，勾选全部选项，单击“确定”按钮。

图 1-28 选择桌面图标

③如图 1-29 所示，桌面上的通用图标已全部显示出来。

图 1-29 显示桌面通用图标

3. 修改计算机名称

①右击桌面“计算机”图标，选择“属性”命令。

②如图 1-30 所示，在“系统”窗口中单击“高级系统设置”链接，在弹出的“系统属性”对话框中切换到“计算机名”选项卡，单击“更改”按钮。

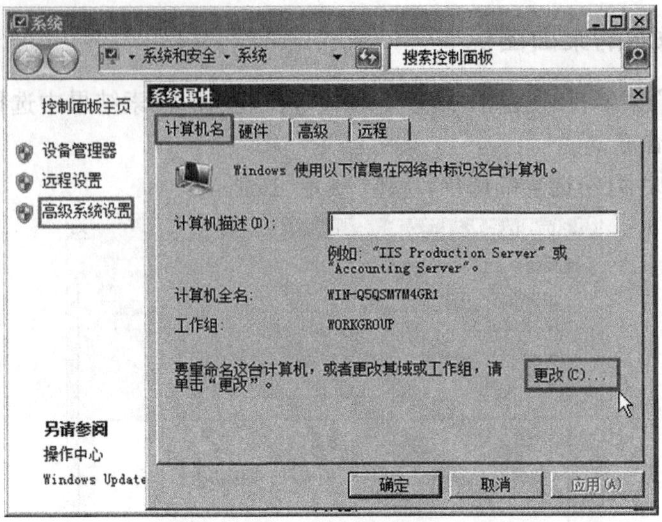

图 1-30　更改计算机名

③如图 1-31 所示，输入计算机名，单击“确定”按钮。

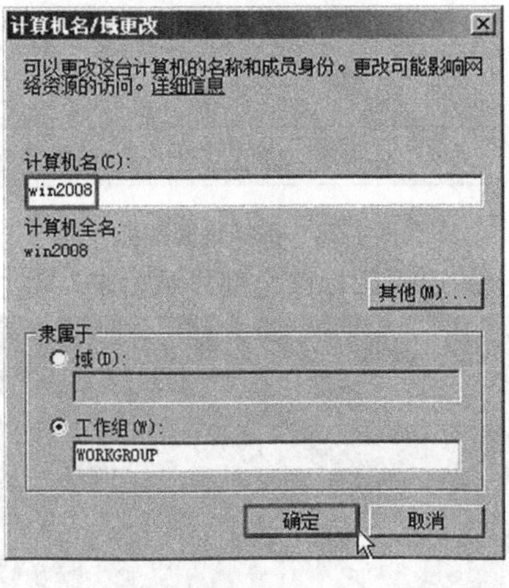

图 1-31　输入计算机名

④重启系统，使计算机名更改生效。

4. 设置计算机的 IP 地址

①右击桌面“网络”图标，选择“属性”命令。

②如图 1-32 所示，在打开的“网络和共享中心”窗口中单击“本地连接”链接，在弹出的“本地连接状态”对话框中单击“属性”按钮。

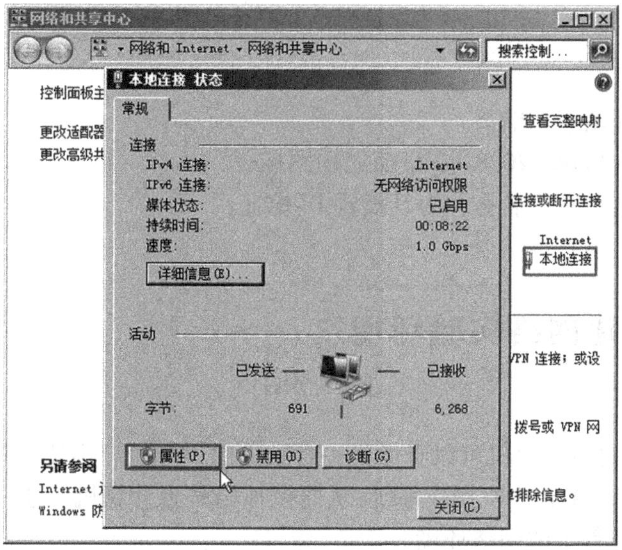

图 1-32　查看本地连接属性

③如图 1-33 所示，在“本地连接属性”对话框中双击“Internet 协议版本 4”，在弹出的“Internet 协议版本 4(TCP/IPv4)属性”对话框中输入计算机的 IP 地址、子网掩码等 TCP/IP 参数，两次单击“确定”按钮完成 IP 地址的配置。

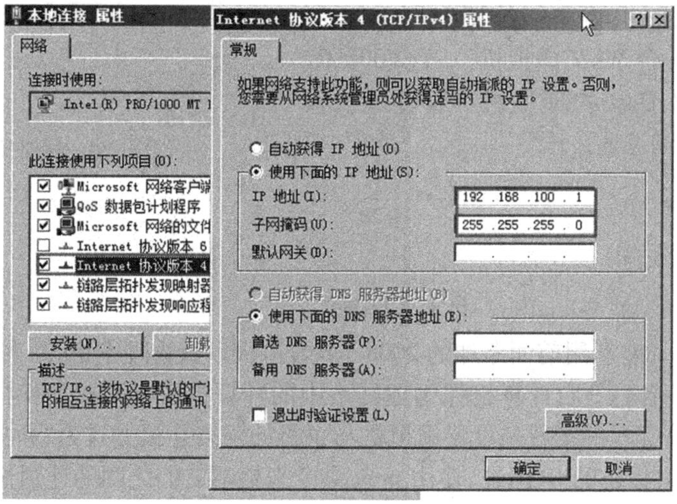

图 1-33　配置 IP 地址及子网掩码

任务小结

VirtualBox 客户端增强功能可以改善虚拟机与主机间的交互，它必须在客户机操作系统安装后才能安装。Windows Server 2008 R2 桌面上的“计算机”图标代替了 XP 系统中的“我的电脑”图标，“网络”图标代替了“网上邻居”图标。同一网络中所有计算机的名称必须唯一，IP 地址也必须唯一，否则不能正常通信。

【练一练】

1. 为虚拟机安装增强功能。
2. 显示 Windows Server 2008 R2 桌面通用图标。
3. 修改虚拟机的计算机名称并为其设置 IP 地址。

任务三 构建网络实验环境

VirtualBox 中的每台客户机可以看做是一台独立的计算机。当要模拟网络环境时，可以在 VirtualBox 中安装多个客户机操作系统，从而模拟出多台计算机。通过对 VirtualBox 进行适当设置可以构建较复杂的网络环境。

任务概述

本任务将利用 VirtualBox 构建一个拥有 3 台计算机的网络环境，其网络拓扑图如图 1-34 所示。该网络包含一台 Win7 虚拟机，一台 2008 R2 虚拟机以及 Win7 Host 物理主机。通过适当设置，实现它们之间的互通。

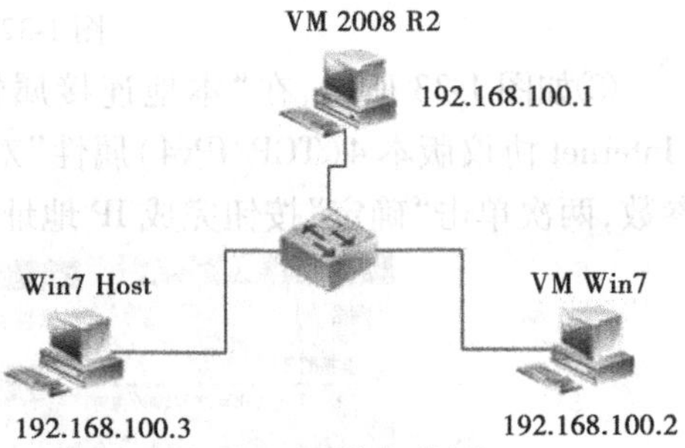

图 1-34 网络拓扑图

任务分析

根据任务要求，在 VirtualBox 中还应添加一台 Win7 虚拟机。加之利用前面添加的 2008 R2 虚拟机以及物理主机，目前已经拥有了 3 台计算机。那么如何让这 3 台计算机像物理网络中的计算机那样通过交换机连接起来，让它们之间能相互通信呢？答案就是设置虚拟机与主机的网络连接方式为“桥接”方式。为各计算机配置图 1-34 中标志的 IP 地址，使用 ping 命令来检测它们之间的连通性。

任务实施

1. 添加 Win7 虚拟机

在 VirtualBox 中新建虚拟计算机，在虚拟计算机中安装 Win7 操作系统。

2. 设置虚拟机与主机的网络连接方式

①如图 1-35 所示，打开“2008 R2 设置”对话框，单击左侧的“网络”选项，在“连接方式”

处选择“桥接网卡”,在“界面名称”处选择主机的物理网卡。

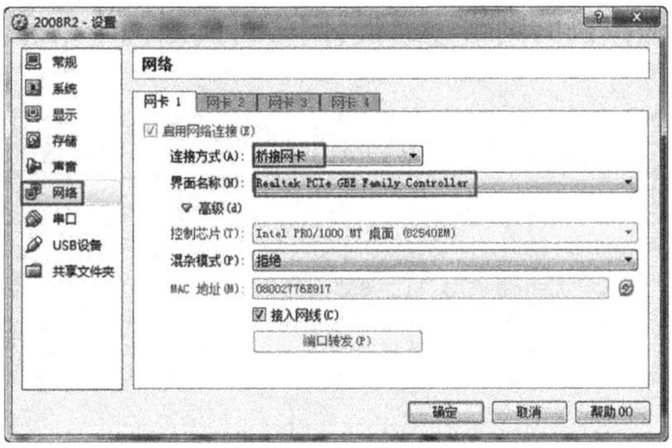

图 1-35　设置网络连接方式

②用同样的方法设置 Win7 虚拟机的网络连接方式为“桥接网卡”。

3. 配置各计算机的 IP 地址

配置 2008 R2 虚拟机、Win7 虚拟机及 Win7 Host 物理主机的 IP 地址分别为 192. 168. 100. 1、192. 168. 100. 2 及 192. 168. 100. 3,子网掩码均配置为 255. 255. 255. 0,保证它们 IP 地址在同一个网段。

4. 在 Win7 虚拟机上测试网络连通性

①在 Win7 虚拟机中按“Win + R”组合键,在弹出的“运行”对话框中输入“cmd”命令,进入命令提示符状态。

②如图 1-36 所示,在命令提示符下输入并执行“ping 192. 168. 100. 3”命令,用来检测 Win7 虚拟机与主机的网络连通性,从输出信息可判断网络未通。

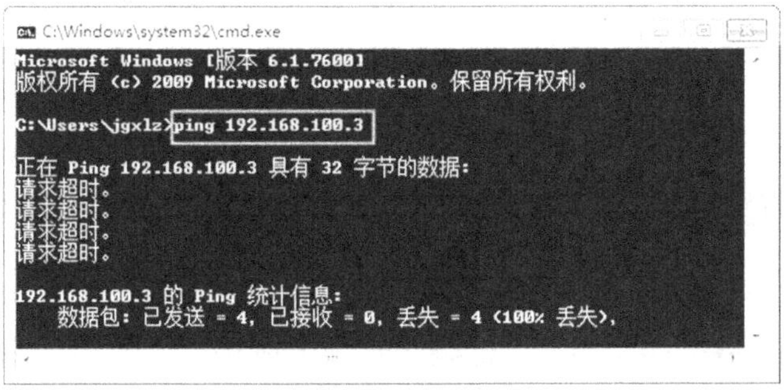

图 1-36　ping 主机

小提示

- ping 命令的输出信息中若显示“请求超时”表明网络未通;若显示“来自 Xx. Xx. Xx. Xx 的回复:字节 = 32 时间 <1 ms TTL = 128”类似的信息,表明网络相通。

③如图 1-37 所示，在命令提示符下输入并执行“ping 192.168.100.1”命令，用来检测 Win7 虚拟机与 2008 R2 虚拟机的网络连通性，同样可判断网络未通。

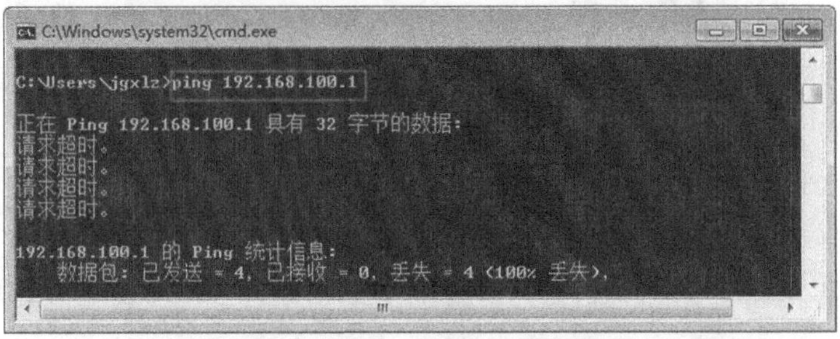

图 1-37　ping 2008 R2 虚拟机

④如图 1-38 所示，在 2008 R2 虚拟机中打开“网络和共享中心”窗口，单击“Windows 防火墙”链接。

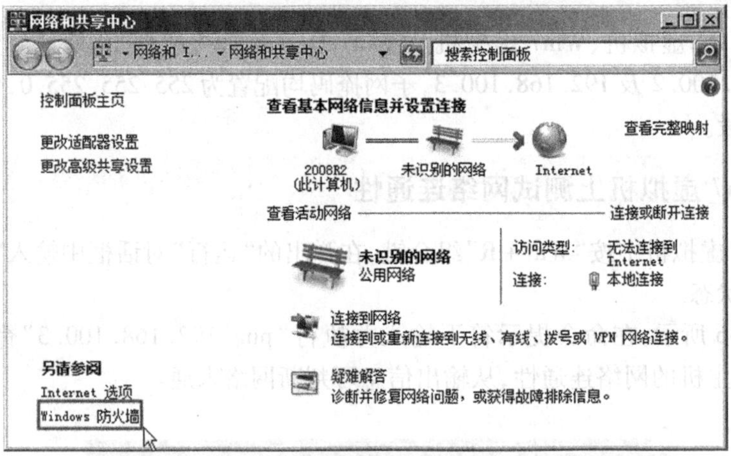

图 1-38　设置 Windows 防火墙

⑤如图 1-39 所示，在“Windows 防火墙”窗口中单击“打开或关闭 Windows 防火墙”链接。

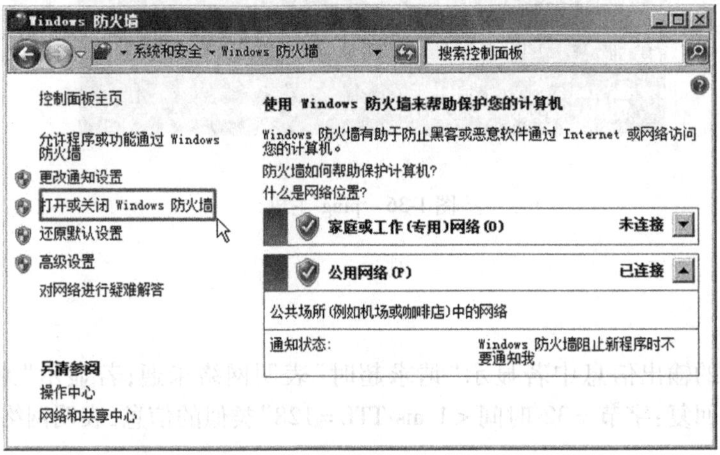

图 1-39　打开或关闭 Windows 防火墙

⑥如图 1-40 所示,根据计算机所处的网络位置选中对应的“关闭 Windows 防火墙(不推荐)”单选按钮,单击“确定”按钮。

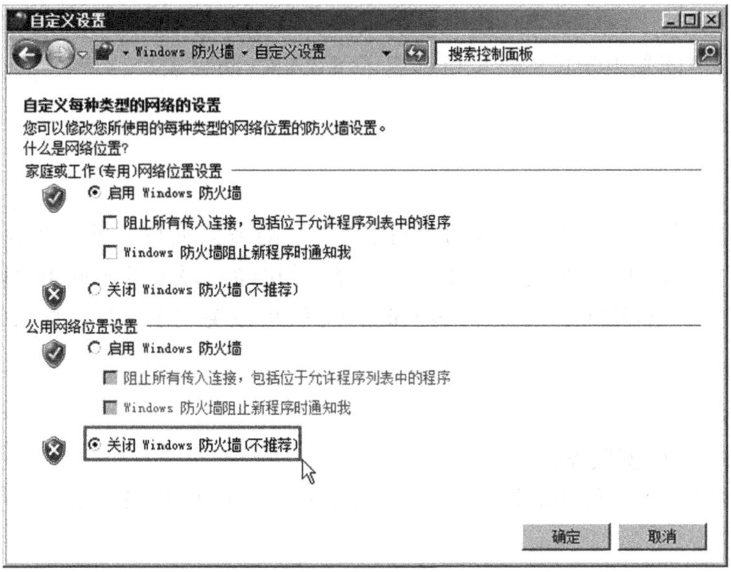

图 1-40　关闭 Windows 防火墙

⑦如图 1-41 所示,在 Win7 虚拟机上再次 ping 2008 R2 虚拟机,可见网络已通。

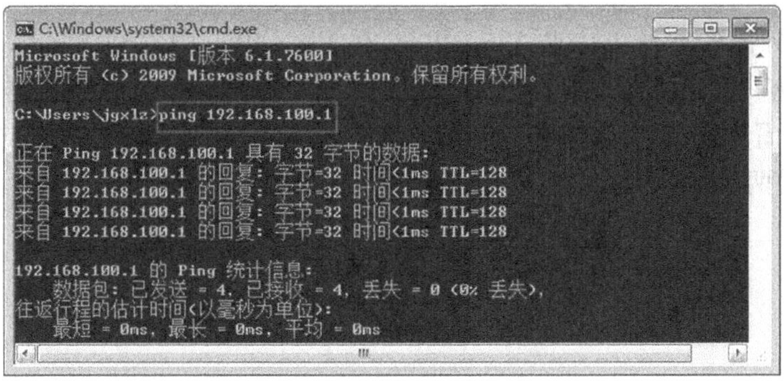

图 1-41　ping 通 2008 R2 虚拟机

⑧如图 1-42 所示,关闭主机的 Windows 防火墙,再次 ping 主机,此时网络已通。

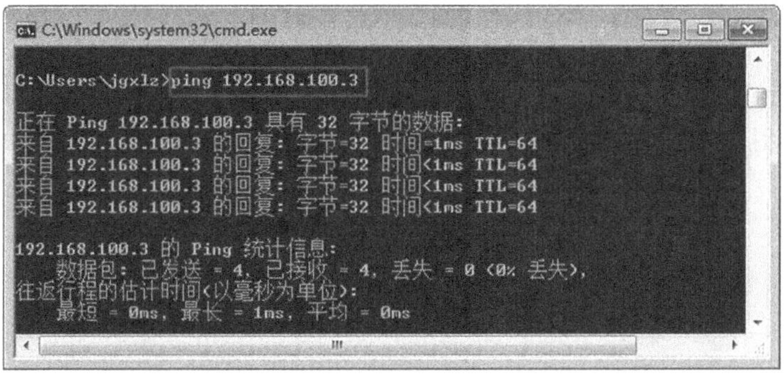

图 1-42　ping 通主机

小提示

- ping 不通，可能是由于目标计算机开启了 Windows 防火墙。

任务小结

设置虚拟机与主机网络连接方式为“桥接网卡”，则虚拟机与主机可被看成是“平等”关系。为保证 3 台计算机间能相互通信，应为它们配置相同网段上的不同 IP 地址。ping 命令可用来检测计算机之间的网络连通性。若 ping 不通，可以关闭 Windows 防火墙后再试。

【练一练】

1. 在 VirtualBox 中安装 Win7 虚拟机。
2. 对虚拟机及主机进行相应设置，实现各计算机之间能相互 ping 通。

模块实训

在主机 Win7 操作系统上安装 VirtualBox，在 VirtualBox 中安装 Windows 7 和 Windows Server 2008 R2 客户机。安装完毕后对客户机进行桌面图标显示、计算机名称以及 IP 地址等基本设置。设置客户机与主机网络连接方式为“桥接网卡”，使得在主机或任意一台虚拟机上能 ping 通另两台计算机。

模块二

搭建文件服务器

毕业后，王明所在公司的网络是工作组模式的网络。现公司要求在网络中部署一台文件服务器，为网络用户提供文件复制或存储功能。为了满足管理需要，现要求配置文件服务器上的某文件夹满足以下访问要求：允许财务部的所有人员能进行文件的复制及写入操作，而财务部的马部长能进行文件的删除操作；允许计算机部的员工只能查看其中的文件，不能写入；允许计算机部的吴部长能对服务器进行远程控制；允许系统管理员能进行所有操作。王明该如何配置该文件服务器呢？

学完本模块后，你将能够：

- 管理本地用户和组；
- 理解 NTFS 权限含义；
- 掌握 NTFS 权限的设置方法；
- 建立共享文件夹及设置共享权限。

任务一 管理本地用户

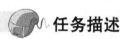

在操作系统中，为了区别计算机的不同使用者及资源访问者，引入了用户账户的概念。用户账户是用户登录系统的钥匙。当用户想要进入一台计算机的操作系统对计算机进行操作和管理的时候，必须拥有一个相应的账户才可以。

任务描述

本任务将在 Windows Server 2008 R2 系统中创建 Cao、Ma、Wu、Yan 4 个本地用户；然后用新建用户登录，体验普通用户与管理员用户权限的差异；最后对用户账户进行其他管理，包括账户重命名、设置密码、账户的停用与启用等。

【相关知识】

Windows 环境下的用户账户，从计算机的管理模式来分主要分为本地用户账户和域用户账户两种。本地用户账户是在工作组环境上或是域管理模式下的成员计算机登录本地计算机所使用的账户，而域用户账户是在域管理模式下登录到域所使用的账户。

在安装 Windows Server 2008 R2 的时候，系统会自动建立两个特殊的本地用户，即 Administrator 和 Guest。

任务分析

管理本地用户账户，可以利用计算机管理工具来完成。测试用户的权限，可以从用户登录后是否能够新建用户、查看 IP 地址两个方面来验证。

任务实施

1. 新建本地用户

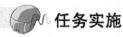

①执行“开始”→“管理工具”→“计算机管理”命令，打开计算机管理工具。

②如图 2-1 所示，依次展开“计算机管理”→“系统工具”→“本地用户和组”→“用户”，在右侧窗格可以看到系统内置的两个本地用户：“Administrator”和“Guest”。

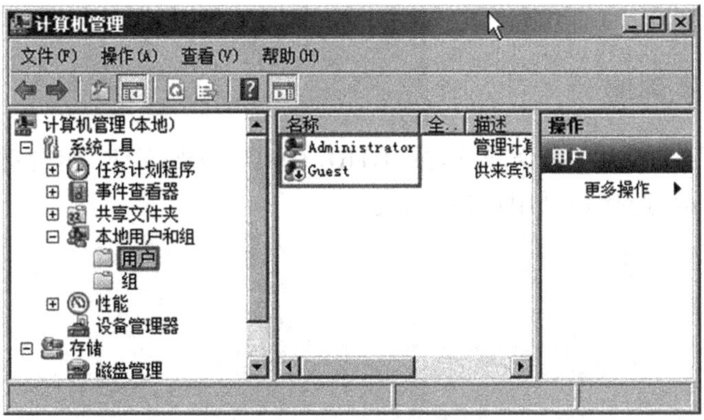

图 2-1　查看内置本地用户

③如图 2-2 所示，右击“用户”节点，选择“新用户”命令。

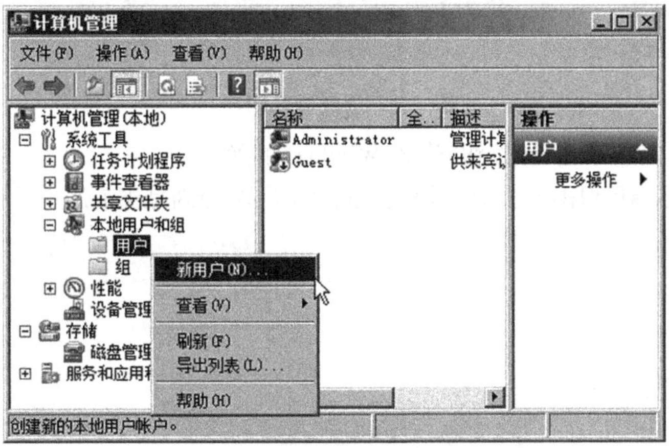

图 2-2　新建用户

④如图 2-3 所示，输入用户名、全名、描述、密码等信息，清除“用户下次登录时须更改密码”复选框，单击“创建”按钮。

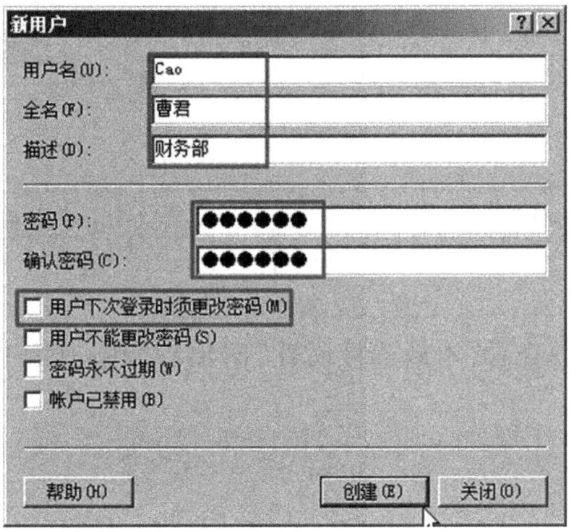

图 2-3　输入用户信息

⑤用同样的方法完成用户 Ma、Wu、Yan 的新建。

2. 新用户登录体验

①执行“开始”→“注销”命令，然后按“CTRL + ALT + DELETE”组合键登录。

②如图 2-4 所示，选择登录用户为“马雯”。

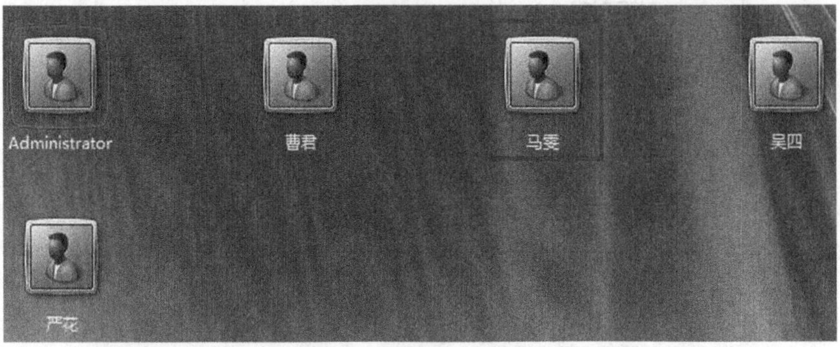

图 2-4　选择登录用户

③输入用户密码后单击按钮，进入 Windows 桌面。

④如图 2-5 所示，新建用户时出现“拒绝访问”的错误，原因是当前用户没有建立用户的权限。

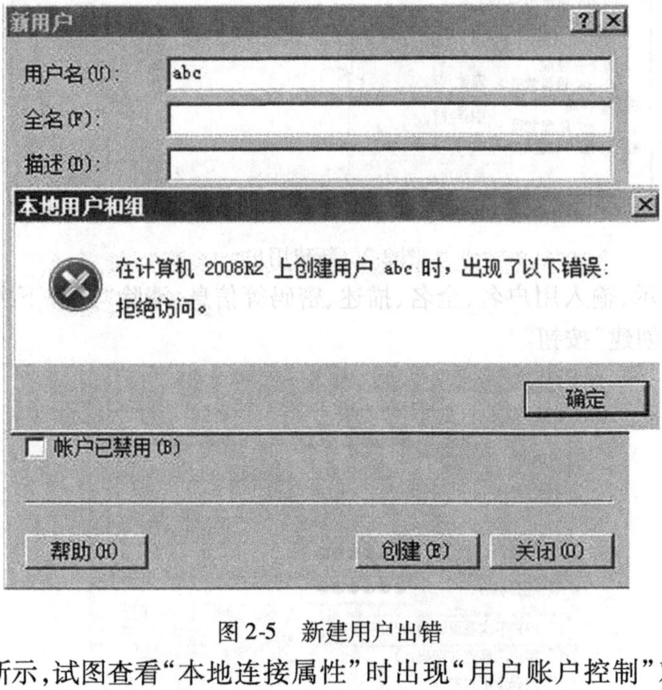

图 2-5　新建用户出错

⑤如图 2-6 所示，试图查看“本地连接属性”时出现“用户账户控制”对话框，表明当前用户无权执行该操作。

图 2-6　用户无权查看本地连接属性

3. 重命名用户

①用 Administrator 账户登录。

②如图 2-7 所示，右击用户账户，选择“重命名”命令，输入新的用户名即可。

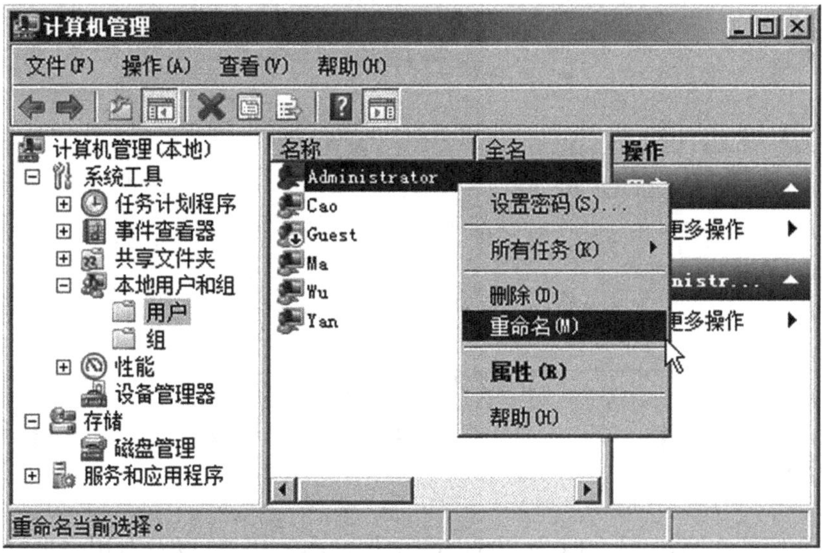

图 2-7　重命名用户

4. 修改用户密码

如图 2-8 所示，右击用户账户，选择“设置密码”命令，输入新密码即可。

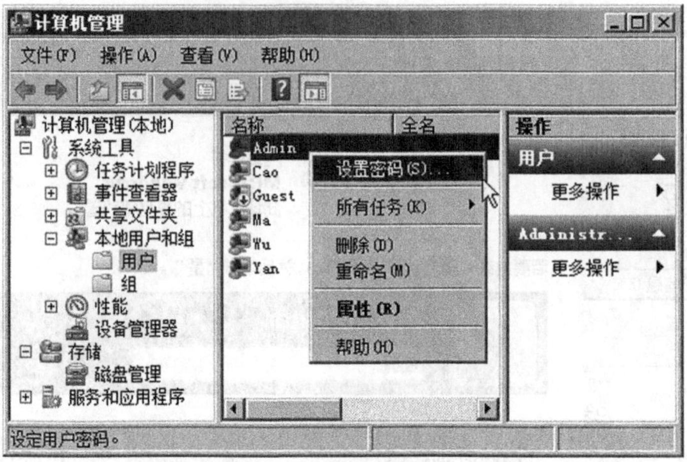

图 2-8　重设用户密码

5. 停用账户

①右击用户账户，选择“属性”命令。

②如图 2-9 所示，选择“账户已禁用”复选框，单击“确定”按钮即可。

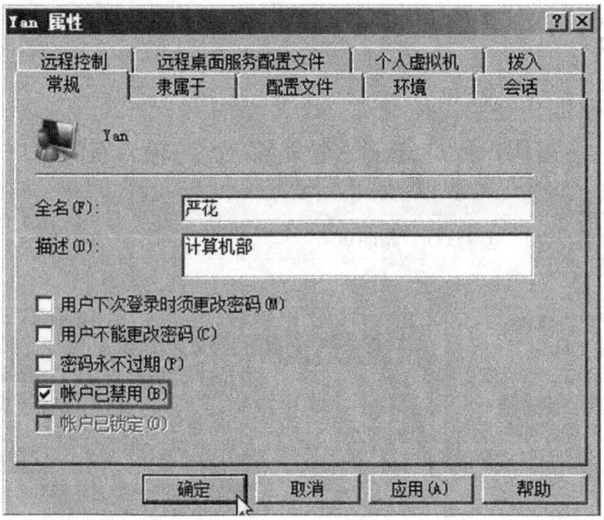

图 2-9　停用账户

任务小结

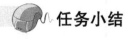

本任务介绍了在 Windows Server 2008 R2 中创建本地用户，以及对用户进行重命名、修改密码、停用等操作的方法。不同的用户登录计算机有不同的操作权限。新建的用户属于普通用户，他们对系统的某些操作可能受限，如不能创建用户、不能查看“本地连接”属性等。

【练一练】

1. 新建本地用户 Zhang 和 Wang，完成后将用户 Zhang 重命名为 ZhangSan，并重设其密码。
2. 用账户 Wang 登录本机，试一试登录后是否有权停用用户 ZhangSan。

任务二　管理本地用户组

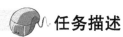

在 Windows 中，为了简化授权，引入了用户组的概念。一个用户组可以包含一个或多个用户，也可包含其他用户组。Windows Server 2008 R2 内置了许多本地组，这些组已经被赋予了管理本地计算机或访问本地资源的某些权限。只要将用户账户加入这些本地组，这些用户账户也将具备该组所拥有的权限。

任务描述

本任务将建立两个本地用户组：计算机部和财务部。将用户 Yan 和 Wu 加入计算机部组，用户 Ma 和 Cao 加入财务部组。将用户 Ma 加入 Administrators 组，用户 Wu 加入 Remote Desktop Users 组。完成上述操作后，体验不同用户组的权限差异。

【相关知识】

Windows Server 2008 R2 中几个常用到的内置用户组：

Administrators：此组的成员具有对计算机的完全控制权限。Administrator 账户是此组的默认成员。

Backup Operators：此组的成员可以备份和还原计算机上的文件。

Power Users：此组的成员拥有有限的管理权限。

Remote Desktop Users：此组中的成员被授予远程登录的权限。

Users：此组的成员可以执行一些常见的任务。新建的用户都会自动成为该组的成员。

任务分析

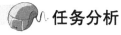

Windows Server 2008 R2 有多个内置的本地组，这些内置的组本身代表着不同的权限。管理员可以根据需要建立用户组，以便将用户进行分类管理。在新建用户组的同时可以为其添加成员，也可以以后再添加成员。将用户加入内置的本地组，意味着用户被授予该组所拥有的权限。

任务实施

1. 认识内置本地组

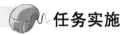

①执行“开始”→“管理工具”→“计算机管理”命令，打开计算机管理工具。

②如图 2-10 所示，展开“计算机管理”→“系统工具”→“本地用户和组”→“组”，在窗口中部可以看到系统内置的本地组。

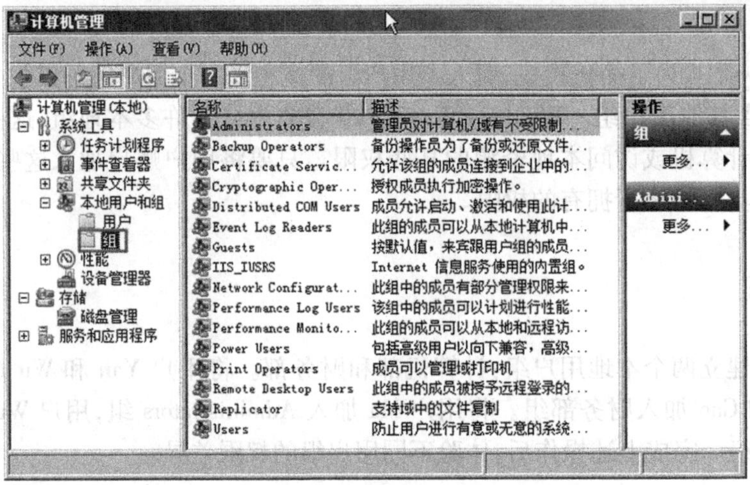

图 2-10　查看本地组

③如图 2-11 所示，双击 Users 组，其成员列表中包含了前面创建的 4 个用户。

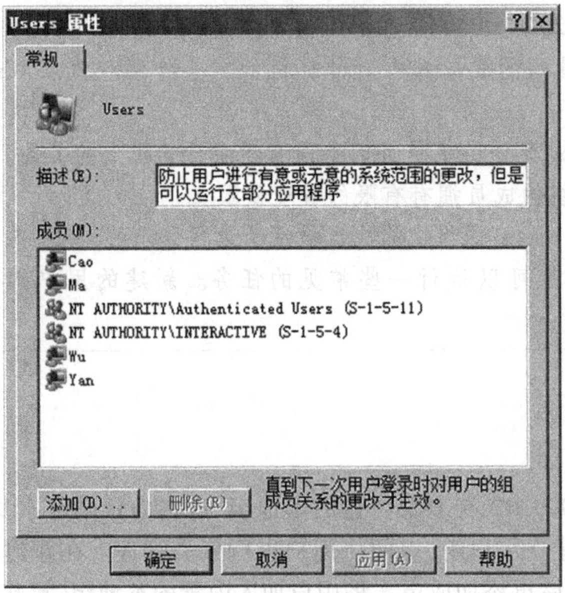

图 2-11　查看 Users 组成员

2. 新建用户组并为其添加成员

①如图 2-12 所示,右击“组”节点,选择“新建组”命令。

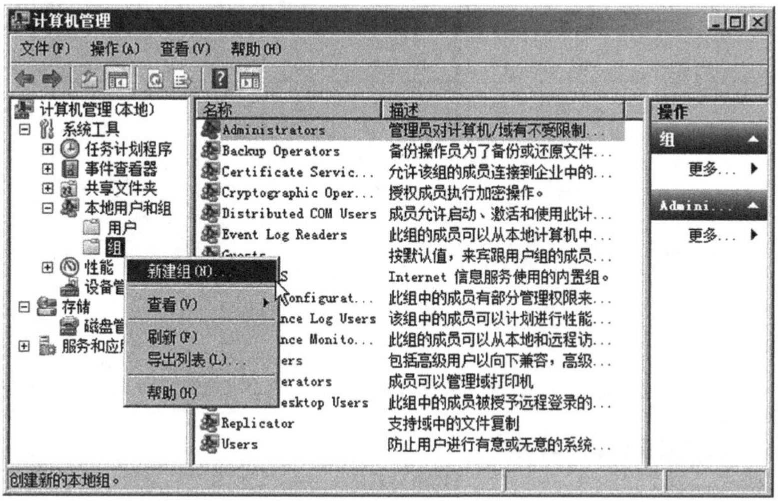

图 2-12　新建组

②如图 2-13 所示,输入组名及描述,单击“添加”按钮。

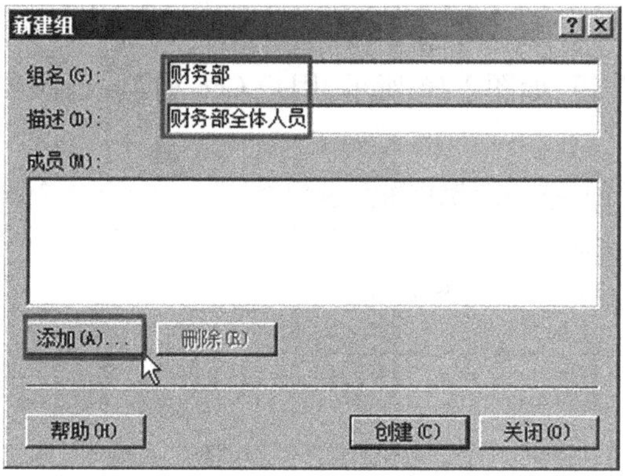

图 2-13　输入组信息

③如图 2-14 所示,单击“高级”按钮。

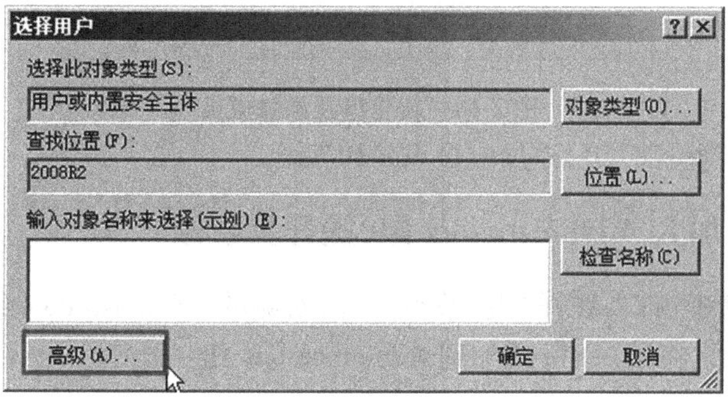

图 2-14　选择用户

④如图 2-15 所示，单击“立即查找”按钮，在“搜索结果”中按住 Ctrl 键的同时选中用户 Cao 和 Ma，单击“确定”按钮。

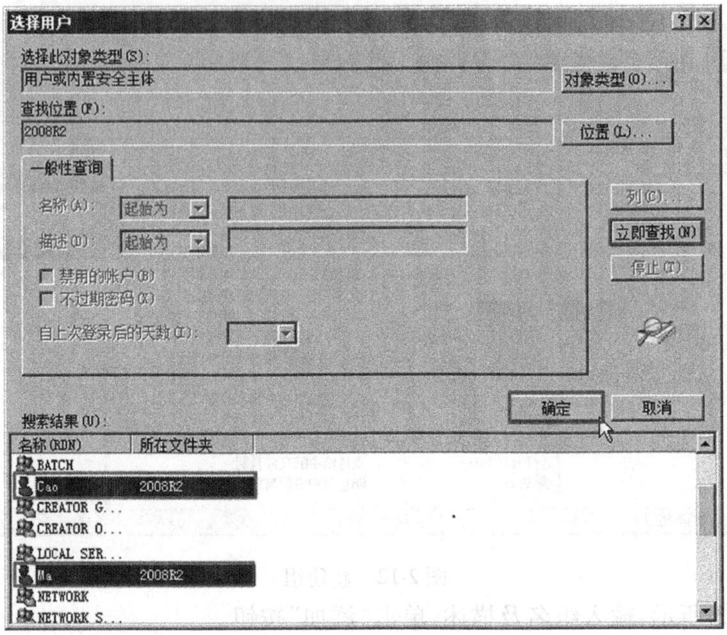

图 2-15　选取用户

⑤再次单击“确定”按钮，如图 2-16 所示，用户 Cao 和 Ma 已添加到成员列表中，单击“创建”按钮。

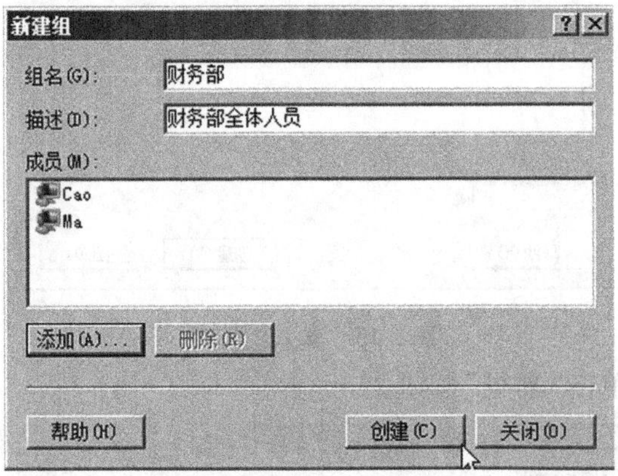

图 2-16　新建组及添加成员

⑥继续新建“计算机部”组，添加成员 Wu 和 Yan。

3. 将用户 Ma 加入 Administrators 组，提升其权限

①打开计算机管理窗口，展开“组”节点，双击右侧的 Administrators 组。

②如图 2-17 所示，将用户 Ma 添加到 Administrators 组。

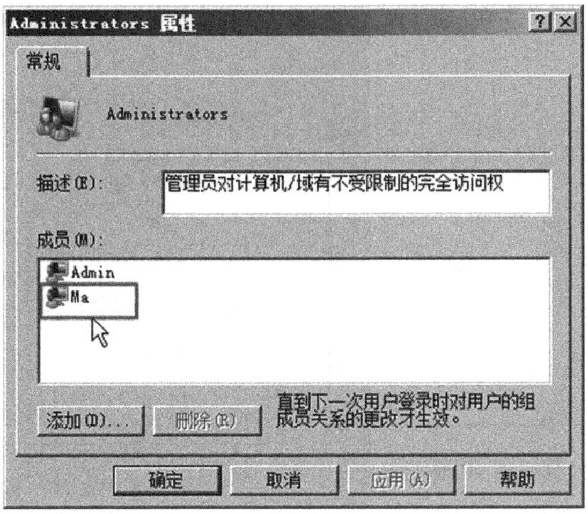

图 2-17　将用户 Ma 加入管理员组

③注销，以用户 Ma 登录，此时新建用户不会出现错误提示，表明已提升了权限。

4. 将用户 Wu 加入 Remote Desktop Users 组，允许其远程登录

①注销，用管理员身份登录。

②将用户 Wu 添加到 Remote Desktop Users 组。

③如图 2-18 所示，打开“系统属性”对话框，切换到“远程”选项卡，选中“允许运行任意版本远程桌面的计算机连接”单选按钮，单击“确定”按钮。

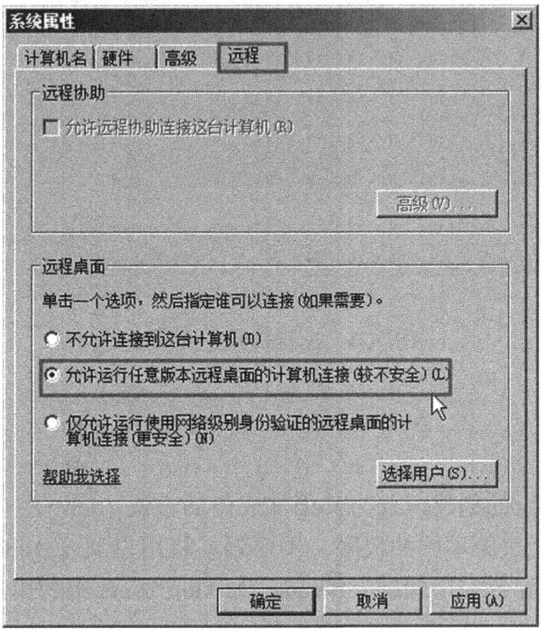

图 2-18　允许远程桌面连接

④启动 Win7 虚拟机，按“Win + R”组合键，在弹出的运行对话框中输入“mstsc”命令。

⑤如图 2-19 所示，输入远程计算机 2008 R2 虚拟机的 IP 地址，单击“连接”按钮。

⑥如图 2-20 所示，输入远程计算机上具有远程桌面连接权限的用户名及密码，单击“确定”按钮。

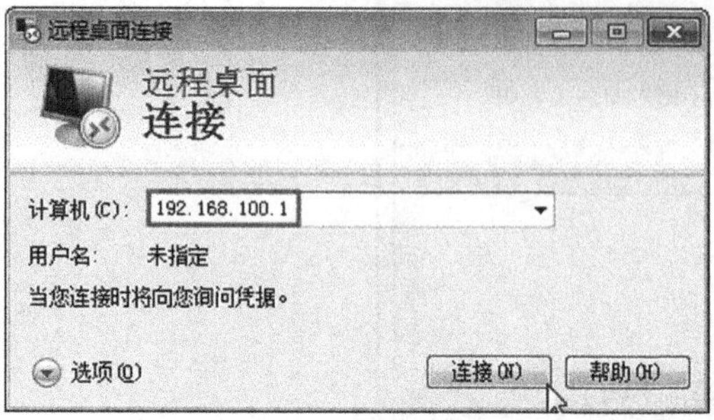

图 2-19　输入远程计算机的 IP 地址

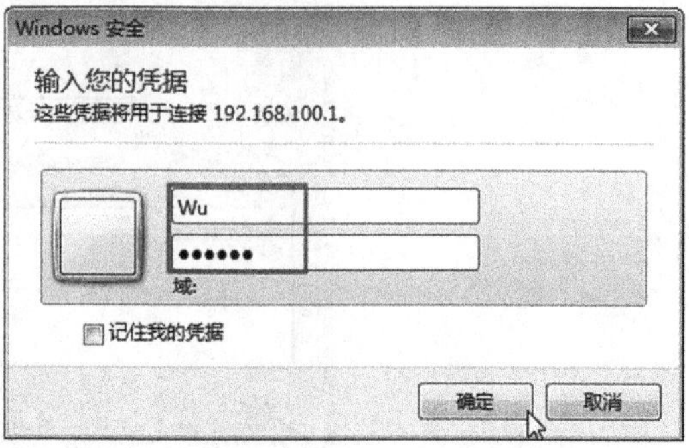

图 2-20　输入网络凭据

⑦在弹出的“无法验证此远程计算机的身份，是否仍要连接?”对话框中单击“是”按钮。

⑧如图 2-21 所示，在 Win7 虚拟机上出现“远程桌面连接”窗口，此时可在该窗口中对 2008 R2 虚拟机进行远程操作。

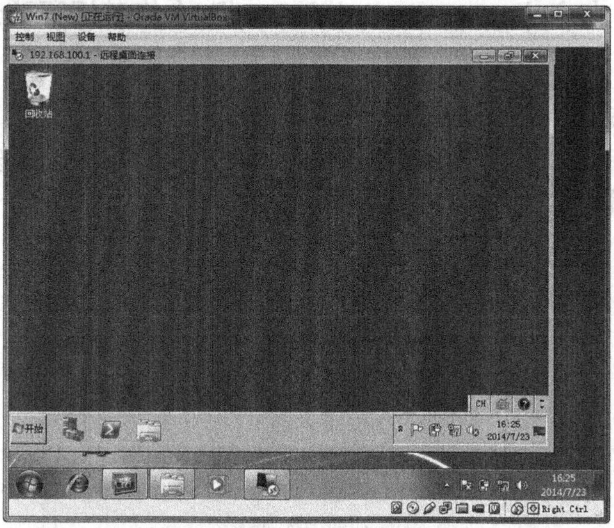

图 2-21　远程桌面连接成功

任务小结

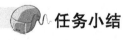

本任务介绍了用户组的创建以及为其添加成员的方法。同一用户可以属于不同的用户组，不同的内置用户组代表着不同的权限。不要轻易将用户加入 Administrators 组，否则可能由于该用户的权限过大导致安全问题。Remote Desktop Users 组的用户具备远程桌面连接的能力。

【练一练】

1. 新建用户组，将用户加入新建组。
2. 将用户加入管理员组，体验其权限变化。
3. 将用户加入远程桌面组，体验远程桌面。

任务三　管理 NTFS 权限

NTFS 是微软 Windows NT 内核系列操作系统支持的、一个特别为网络和磁盘配额、文件加密等管理安全特性设计的磁盘格式。NTFS 能比 FAT/FAT32 支持更大的磁盘分区，支持磁盘数据的压缩与加密、磁盘配额管理等功能。安全性方面，可以为 NTFS 分区上的文件夹以及文件设置访问许可权限。许可的设置包括两方面的内容：一是允许哪些组或用户对文件夹、文件进行访问；二是获得访问许可的组或用户可以进行什么级别的访问。

任务描述

本任务将设置文件夹的 NTFS 权限，达到如下访问控制要求：允许财务部的所有人员能对该文件夹进行读写操作，而马部长（Ma）能执行删除操作；允许计算机部的所有人员只能对该文件夹进行读取操作；允许管理员能进行完全控制；其他人员无任何权限。权限设置完毕后，体验不同权限的差异。

【相关知识】

文件夹的标准 NTFS 权限有 6 种，而文件的标准 NTFS 权限有 5 种，少了列出文件夹内容的权限。

完全控制：对文件或者文件夹可执行所有操作。

修改：可以修改、删除文件或者文件夹。

读取和执行：可以读取内容，并且可以执行应用程序。

列出文件夹内容：可以列出文件夹内容，此权限只针对文件夹存在。

读取：可以读取文件或者文件夹的内容。

写入：可以创建文件或者文件夹。

任务分析

要控制文件或文件夹只允许特定人员进行访问，可以通过修改其 NTFS 权限来实现。修改 NTFS 权限时，一般先将其继承权限删除掉，然后再添加特定的用户或组，并同时为添加的用户或组指定相应的权限。要验证用户对资源的访问权限，需要用户登录之后来测试。

任务实施

1. 查看文件夹的 NTFS 默认权限

①在 2008 R2 虚拟机上以系统管理员身份登录。

②如图 2-22 所示，在“计算机”窗口中右击“新加卷(F:)”图标，选择“属性”命令。

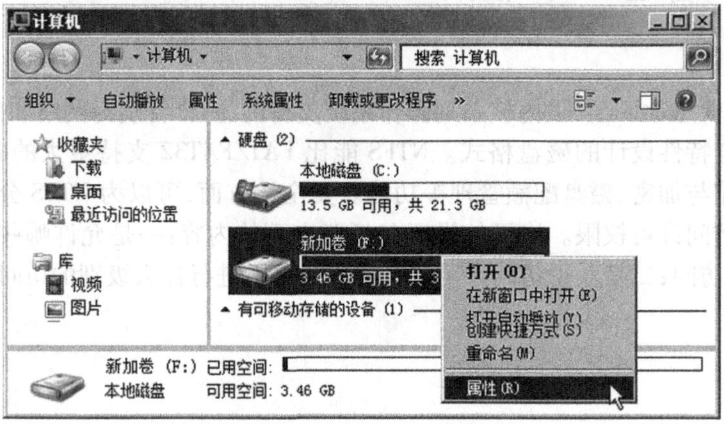

图 2-22　查看磁盘属性

③如图 2-23 所示，F 盘采用的是 NTFS 文件系统。

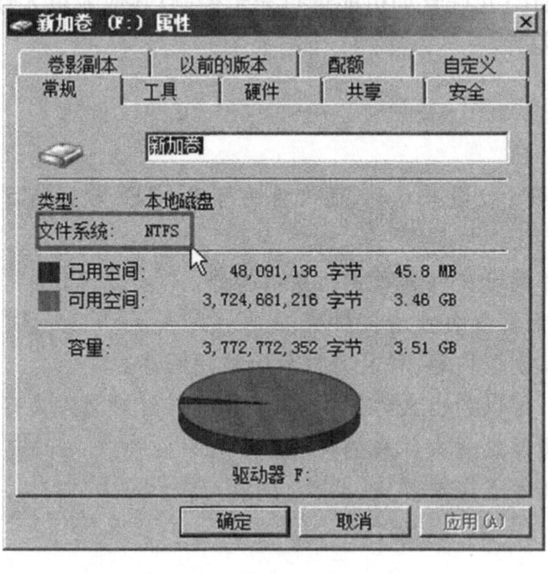

图 2-23　查看磁盘文件系统类型

④在 F 盘上新建名为“财务部”的文件夹，在“财务部”文件夹下新建名为“test”的文本文件，在文本文件中输入一些字符。

⑤右击刚新建的“财务部”文件夹，选择“属性”命令。

⑥如图 2-24 所示，选择“安全”选项卡，在“组或用户名”列表中选中组或用户，在“权限”列表中就可以看到其对应的 NTFS 权限。

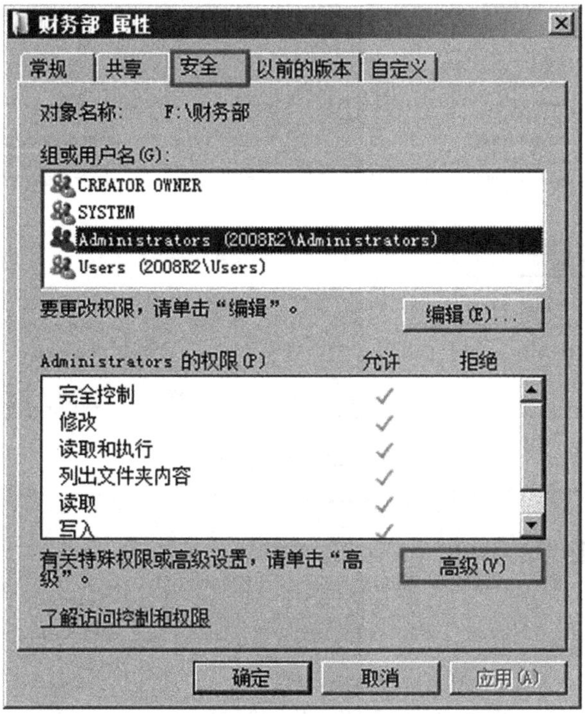

图 2-24　查看文件夹的 NTFS 权限

小提示

- 灰色的权限表示继承权限。

2. 阻止 NTFS 权限继承

①在图 2-24 中单击“高级”按钮。

②如图 2-25 所示，在“财务部的高级安全设置”对话框中单击“更改权限”按钮。

③如图 2-26 所示，清除“包括可从该对象的父项继承的权限”复选框，在弹出的“Windows 安全”对话框中单击“删除”按钮，然后两次单击“确定”按钮。

④如图 2-27 所示，文件夹的 NTFS 继承权限已删除。

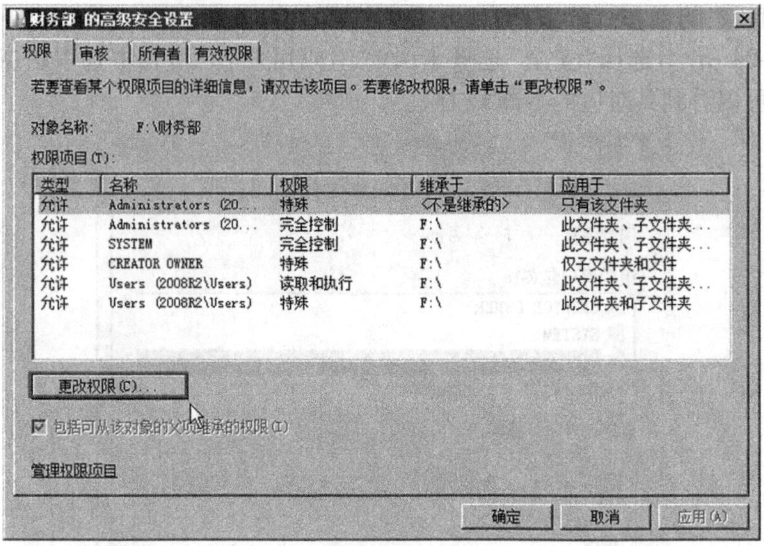

图 2-25　更改权限

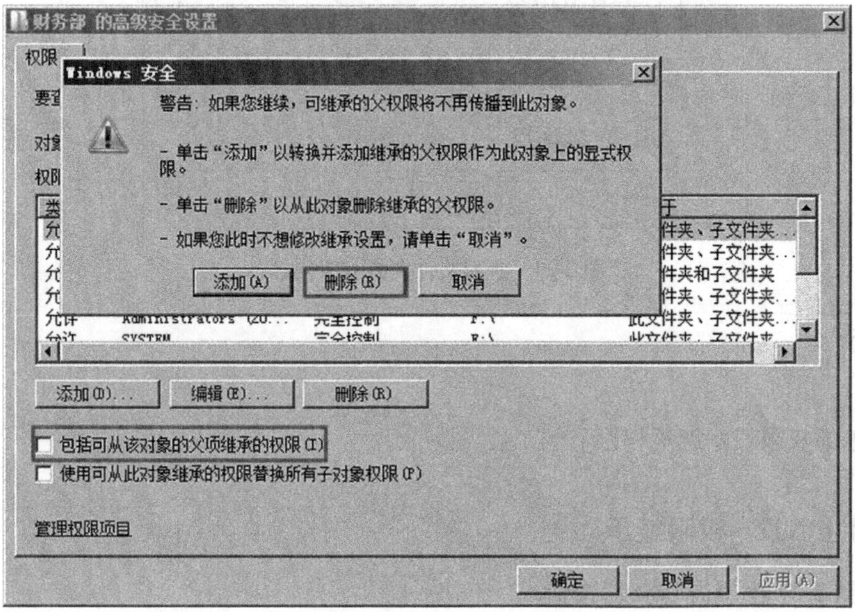

图 2-26　删除继承权限

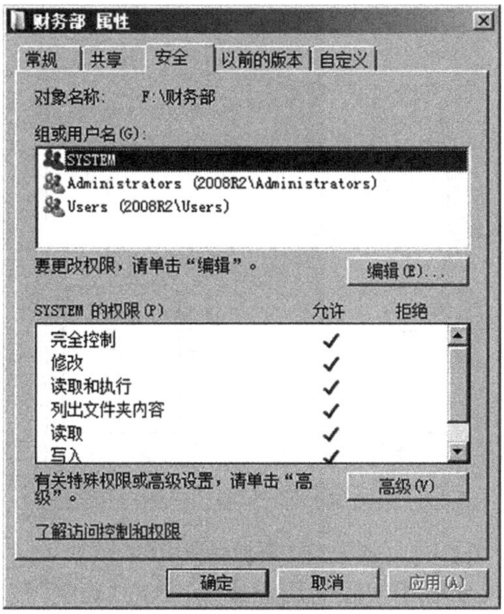

图 2-27　继承权限已删除

3. 重设文件夹的 NTFS 权限

①在图 2-27 中单击"编辑"按钮。

②如图 2-28 所示，选中组或用户，单击"删除"按钮。

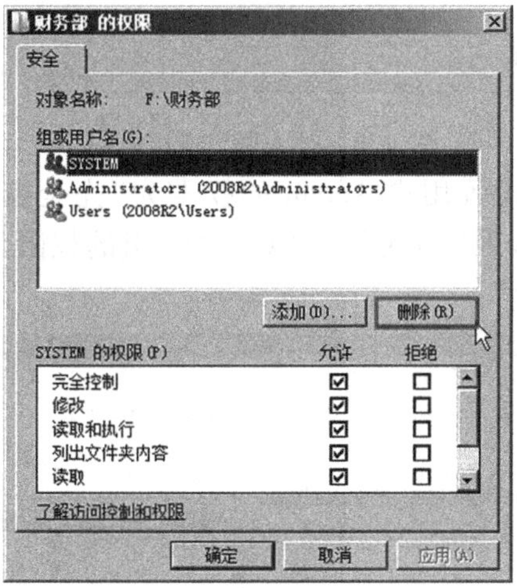

图 2-28　删除默认组或用户

③如图 2-29 所示，将先前保留下来的组全部删除后，再单击"添加"按钮。

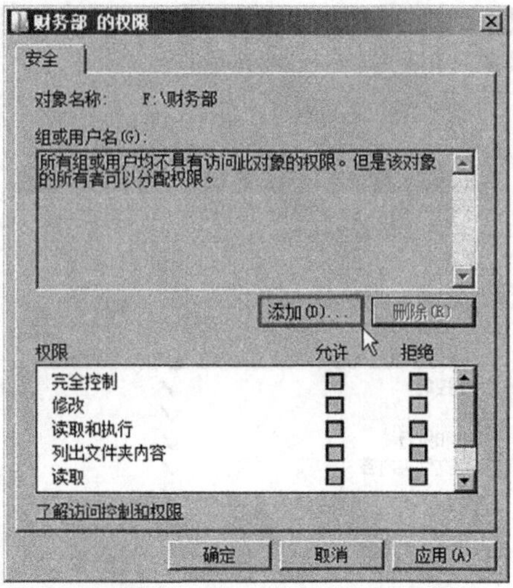

图 2-29　添加组和用户

④如图 2-30 所示,输入要赋予权限的用户或组,单击“确定”按钮。

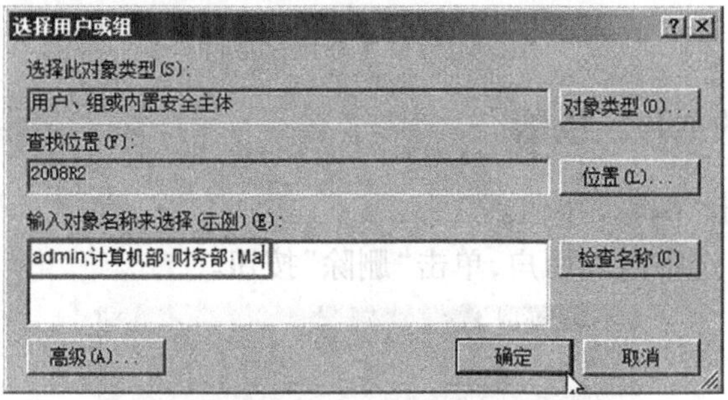

图 2-30　输入用户或组名称

⑤如图 2-31 所示,分别设置用户 Admin 的权限为“完全控制”,“财务部”组的权限为“列出文件夹内容”“读取”以及“写入”,“计算机部”组的权限为“列出文件夹内容”及“读取”,用户 Ma 的权限为“修改”。

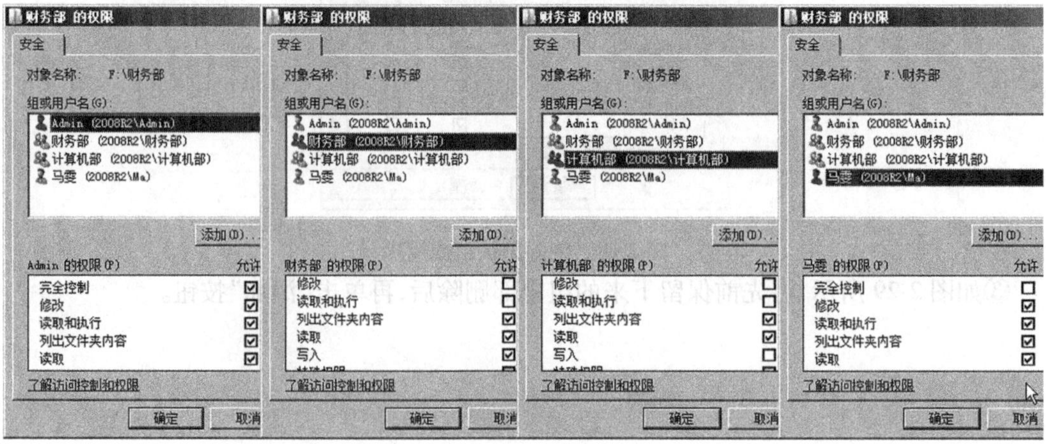

图 2-31　设置文件夹的 NTFS 权限

4. 测试用户访问权限

①以用户 Admin 登录，可以对“财务部”文件夹中执行任意操作，因其有完全控制权。

②如图 2-32 所示，以用户 Wu 登录，在“财务部”文件夹中新建文件夹时出现“用户账户控制”对话框，表明用户 Wu 无写入权限；但能查看文本文件 test 的内容，表明有读取权限。

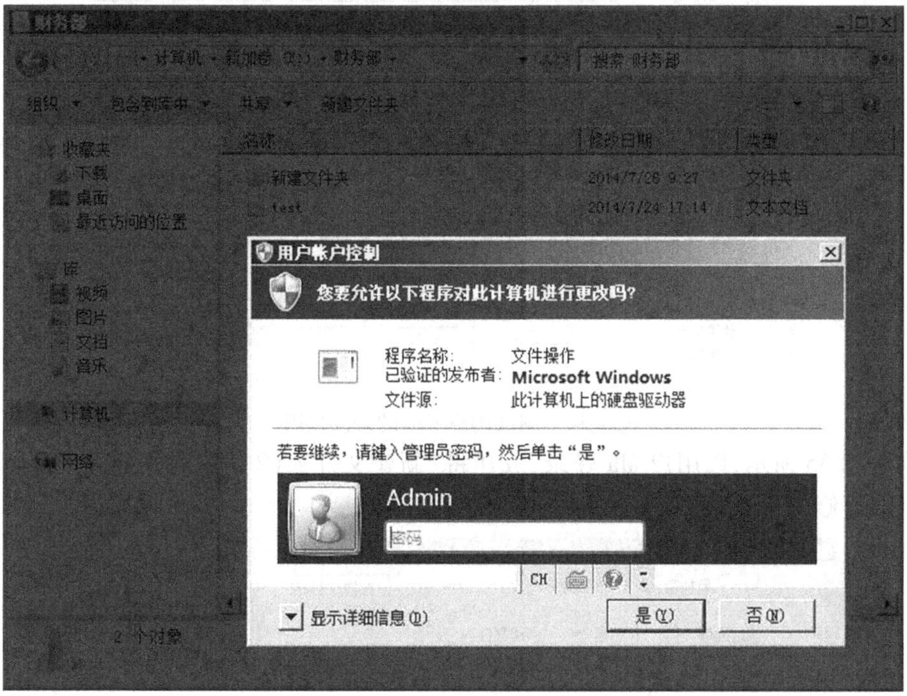

图 2-32　测试用户 Wu 的写入权限

③如图 2-33 所示，以用户 Cao 登录，能新建文件夹，表明有写入权限。

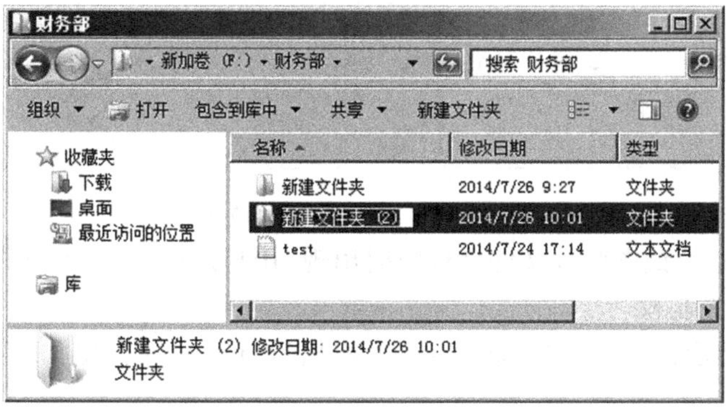

图 2-33　测试用户 Cao 的写入权限

④如图 2-34 所示，试图将“新建文件夹(2)”重命名为“aa”时弹出“文件夹访问被拒绝”对话框，表明用户 Cao 无修改权限。

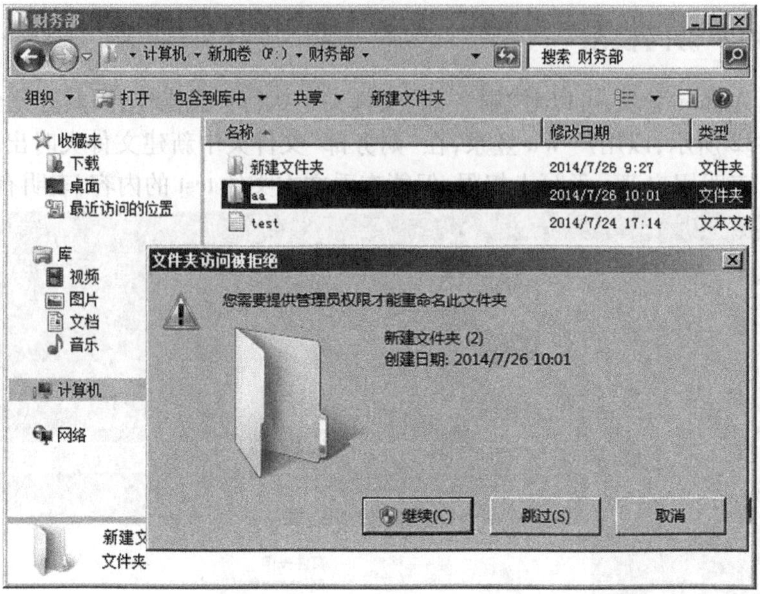

图 2-34　测试用户 Cao 的修改权限

⑤如图 2-35 所示，以用户 Ma 登录，成功将“新建文件夹(2)”文件夹重命名为“aa”，表明用户 Ma 有修改权限。

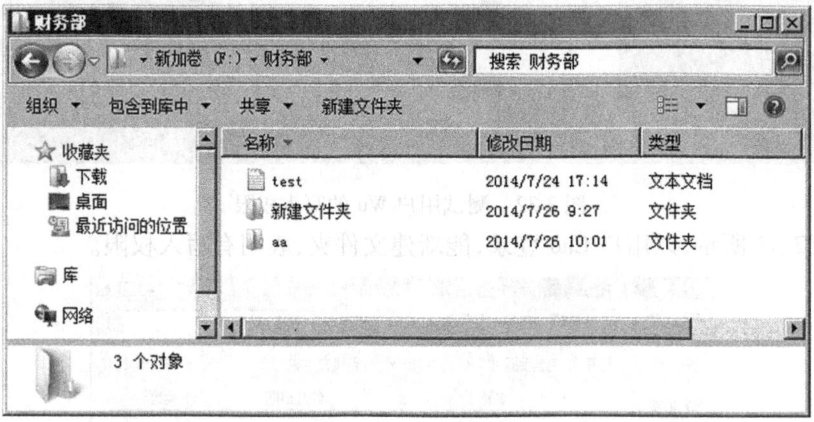

图 2-35　测试用户 Ma 的修改权限

⑥如图 2-36 所示，试图修改文件夹权限时出现“用户账户控制”对话框，表明用户 Ma 对该文件夹缺少完全控制权。

⑦如图 2-37 所示，以用户 Zhang 登录，无权执行打开文件夹操作，因其未被授予任何 NTFS 权限。

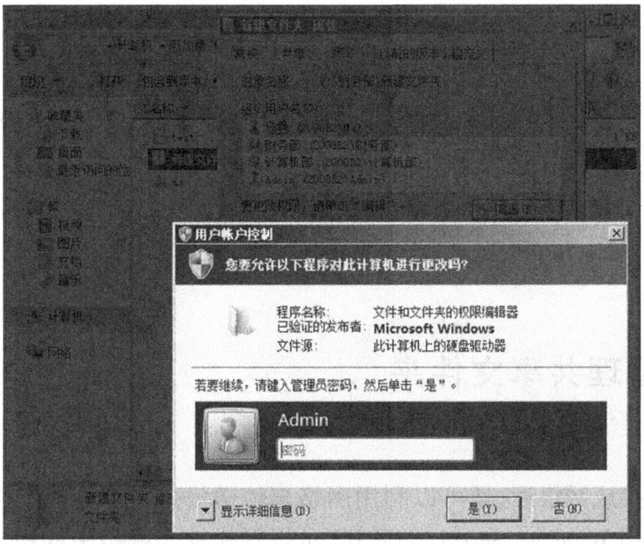

图 2-36　测试用户 Ma 是否有完全控制权

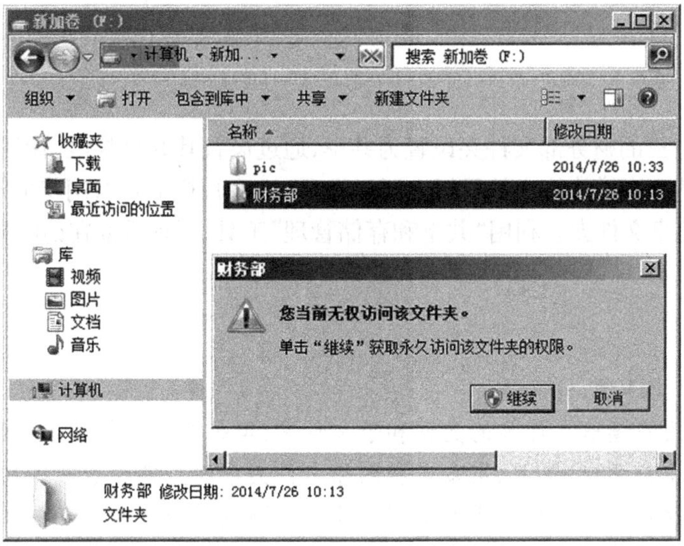

图 2-37　测试用户 Zhang 的权限

任务小结

本任务通过实例介绍了 NTFS 权限的设置方法及验证方法。设置文件或文件夹的 NTFS 权限时，一般应先阻止继承权限，然后再添加用户或组的权限。不同的 NTFS 权限意味着能执行不同的操作。

【练一练】

1. 设置文件夹只允许用户 Wang 能显示文件夹中的目录及执行写入操作,但不能打开或复制其中的文件。

2. 设置文件夹允许管理员组的成员能进行完全控制,其他任何人都只能读取。

任务四　管理共享文件夹

多台计算机连接成网络后,便可以利用网络来传送信息。计算机联网的重要目的就是实现资源共享。使用 Windows Server 2008 R2 可以轻松地与网络中的用户共享文档、音乐、照片及其他文件。

任务描述

本任务将任务三的财务部文件夹设置为共享,通过设置其共享权限,让用户通过网络访问该共享文件夹时达到本模块拟定的目标。通过在 Win7 客户机上映射网络驱动器,以便快速访问 2008 R2 上的共享文件夹。利用"共享和存储管理"工具,可查看谁在访问共享文件夹。

【相关知识】

共享权限只有 3 种,分别是:

读取:允许用户读取文件夹的文件和子文件夹,但是不能进行写入或删除操作。

更改:允许用户读取、写入、重命名和删除文件夹中的文件和子文件夹。

完全控制:除包括"更改"权限的所有权限外,还包括修改该文件夹的 NTFS 权限及取得所有权的权限。

任务分析

通过网络访问位于其他计算机上 NTFS 分区上的共享资源时,受到 NTFS 权限和共享权限的共同作用,用户的最终权限是两者中限制比较严格的一个。共享前先设置好文件夹的 NTFS 权限,共享时再设置好共享权限。映射网络驱动器可在客户端计算机上通过右击桌面上的"网络"图标,选择"映射网络驱动器"命令来实现。

任务实施

1. 准备工作

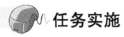

①在 2008 R2 虚拟机上以管理员身份登录，设置好财务部文件夹的 NTFS 权限：财务部马部长 Ma 具有删除权限，其他员工具有读写权限；计算机部员工只有读取权限；管理员有完全控制权。

②如图 2-38 所示，打开“文件夹选项”对话框，在“查看”选项卡中清除“使用共享向导”复选框，单击“确定”按钮。

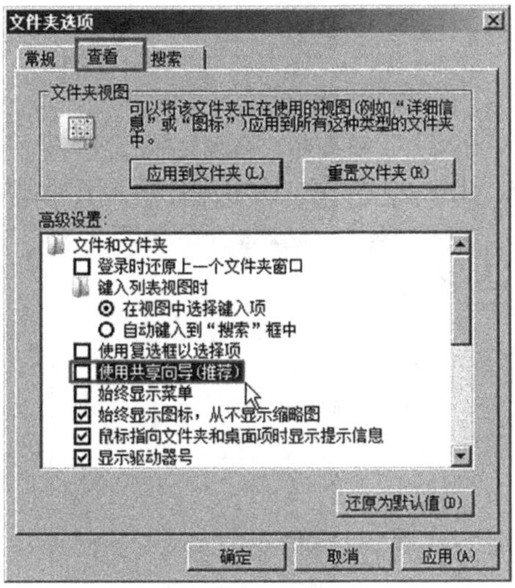

图 2-38　取消使用共享向导

2. 在 2008 R2 虚拟机上建立共享文件夹

①如图 2-39 所示，右击“财务部”文件夹，选择“共享”→“高级共享”命令。

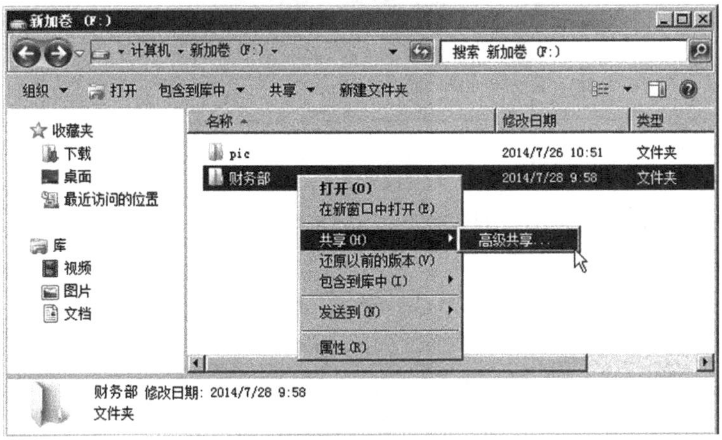

图 2-39　准备共享

②如图 2-40 所示，单击“高级共享”按钮。

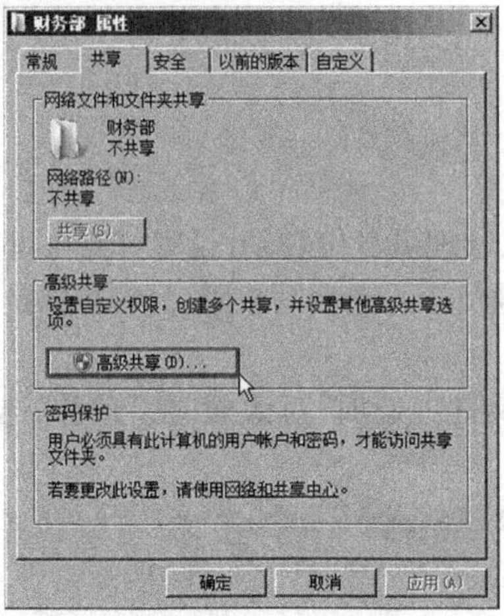

图 2-40　高级共享

③如图 2-41 所示，选择“共享此文件夹”复选框，输入共享名，单击“权限”按钮。

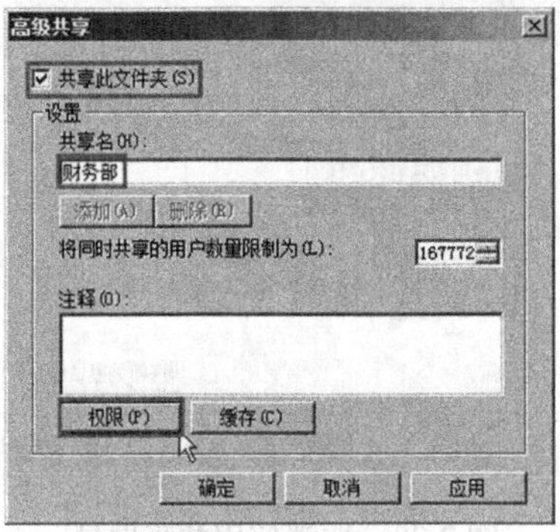

图 2-41　输入共享名

④如图 2-42 所示，组或用户名列表中保留默认的“Everyone”，权限选择为“完全控制”，两次单击“确定”按钮，最后单击“关闭”按钮，完成共享文件夹的建立。

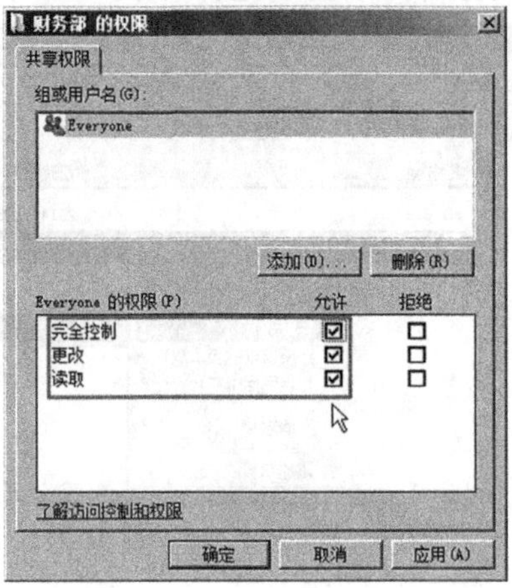

图 2-42　设置共享权限

小提示

- “Everyone”是特殊的用户组，代表“任何人”。

3. 访问共享文件夹

①如图 2-43 所示，在 Win7 虚拟机上按“Win + R”组合键，在弹出的运行对话框中输入“\\192.168.100.1”，单击“确定”按钮。

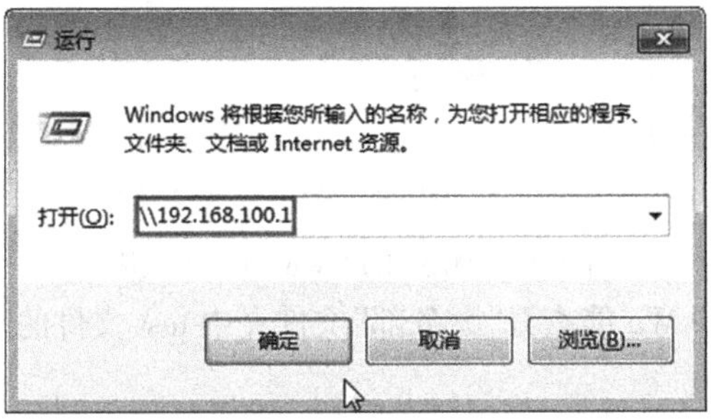

图 2-43　访问共享

②如图 2-44 所示，以用户 Wu 访问 2008 R2 虚拟机，单击“确定”按钮。

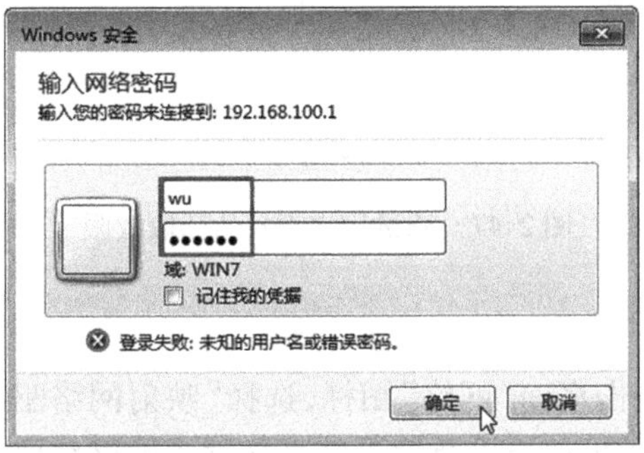

图 2-44　输入网络访问凭据

③如图 2-45 所示，可以看到 2008 R2 虚拟机上的共享文件夹。

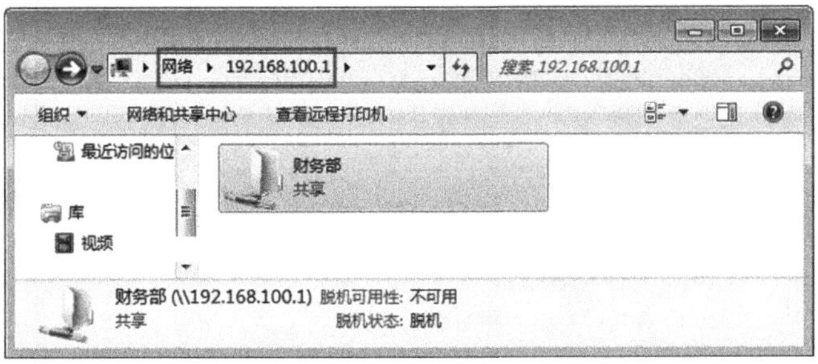

图 2-45　共享连接成功

④如图 2-46 所示，用户 Wu 试图在共享文件夹中新建文件夹时系统报错，原因是没有 NTFS“写入”权限。

图 2-46　测试用户 Wu 的写入权限

⑤如图 2-47 所示，用户 Wu 能查看“财务部”文件夹中 test 文件的内容，表明有读取权限。

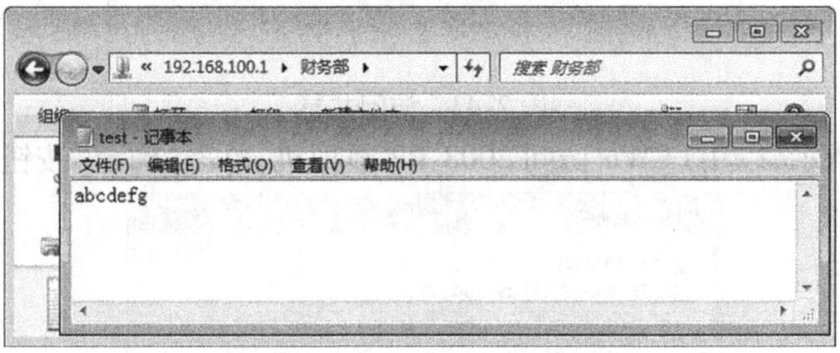

图 2-47　测试用户 Wu 的读取权限

4. 映射网络驱动器

①在 Win7 虚拟机上右击桌面“网络”图标，选择“映射网络驱动器”命令。

②如图 2-48 所示，选择驱动器号及输入共享文件夹的网络路径，单击“完成”按钮。

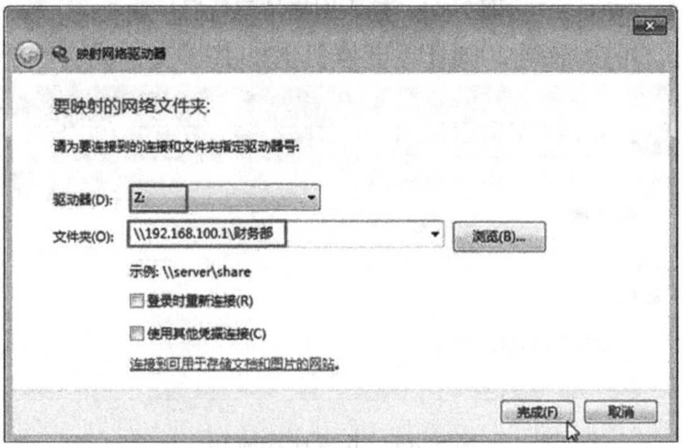

图 2-48　映射网络驱动器

③输入网络访问凭据，单击“确定”按钮。

④如图 2-49 所示,网络驱动器映射成功。

图 2-49　网络驱动器映射成功

⑤如图 2-50 所示,双击网络驱动器 Z,将显示网络上共享文件夹中的内容。

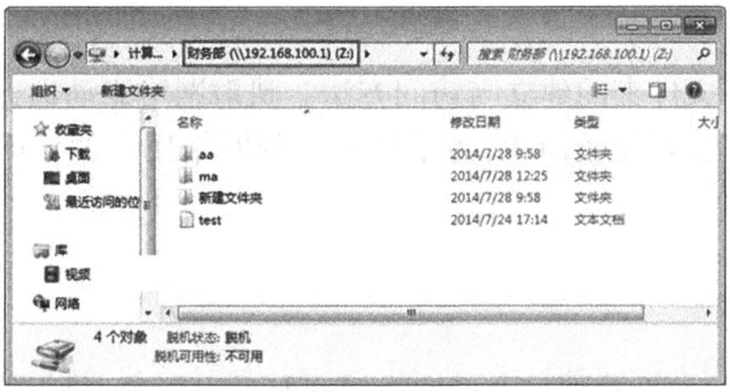

图 2-50　查看网络驱动器上的内容

5. 查看谁在访问我的共享

①在 2008 R2 虚拟机上,执行 “开始”→“管理工具”→“共享和储存管理”命令。

②如图 2-51 所示,在“共享和存储管理”窗口中单击操作栏的“管理会话”链接。

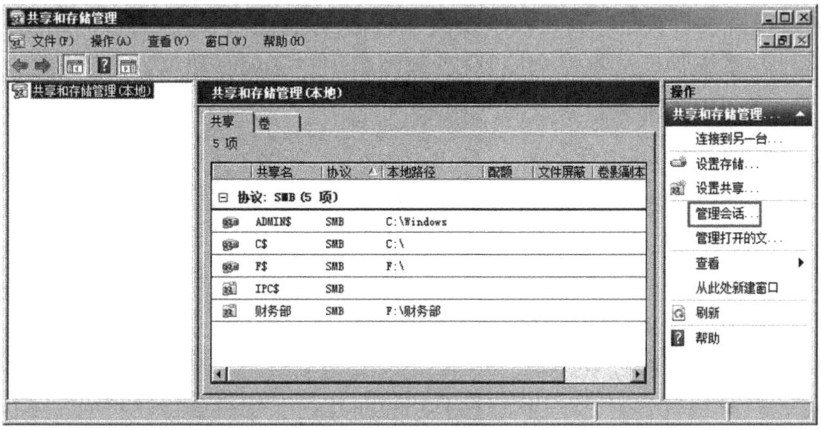

图 2-51　管理会话

③如图 2-52 所示，显示本计算机上的共享会话，每个会话包括用户名、IP 地址、打开文件数等信息。

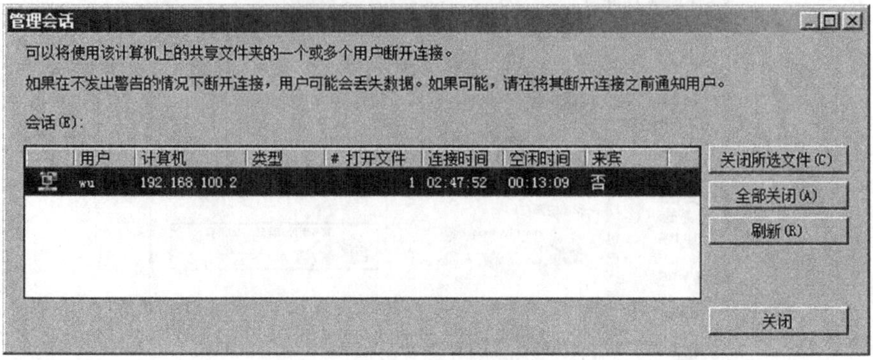

图 2-52　查看会话

任务小结

本任务介绍了共享文件夹的建立与访问方法。映射网络驱动器方便了客户机访问网络上的共享文件夹。共享权限比较简单，为了精确控制网络用户的访问权限，最好通过 NTFS 权限来控制。

【练一练】

1. 建立共享文件夹，允许管理员通过网络访问时可以完全控制，其他用户只能读取。
2. 在客户机上映射网络驱动器，以驱动器字母 K 访问网络上的共享文件夹。

模块实训

在 Windows Server 2008 R2 系统中建立本地用户和组，在 NTFS 分区上建立共享文件夹 homework，通过设置文件夹的 NTFS 权限及共享权限，实现以下用户通过网络访问该共享文件夹的权限目标：系统管理员有完全控制权；教师组用户 Zhang 和 Wang 有删除权限；学生组用户 Liu 和 Hu 有列出文件夹目录及写入权限。

模块三

配置 DHCP 服务器

王明所在的公司网络中有 200 台计算机,并经常有笔记本电脑接入网络。如果由管理员手工为每台计算机配置 IP 地址,工作量将非常大。如果遇上网络参数调整,如默认网关或 DNS 服务器地址改变,又得在每台计算机上逐一修改。那王明可用什么办法来减少自己的工作量,提高工作效率呢?

学完本模块后,你将能够:

- 熟知 DHCP 服务器的应用场景;
- 安装 DHCP 服务;
- 配置 DHCP 服务器;
- 测试 DHCP 服务器。

任务一　安装 DHCP 服务器

DHCP(Dynamic Host Configuration Protocol,动态主机配置协议)主要用来给网络中的计算机自动分配 IP 地址、子网掩码以及缺省网关、DNS 服务器的 IP 地址等 TCP/IP 参数。

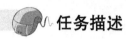

任务描述

本任务将在一台运行 Windows Server 2008 R2 操作系统的计算机上安装 DHCP 服务,为将其配置为 DHCP 服务器做准备。

【相关知识】

基于 TCP/IP 协议的网络,必须配置 IP 地址与子网掩码等参数。可以使用两种方式配置 TCP/IP。一是手工配置方式,以手工方式输入 TCP/IP 参数,适用于网络中计算机数量较少的情况;二是自动 TCP/IP 配置方式,设置计算机自动获得 IP 地址,适用于网络中计算机数量较多的情况。

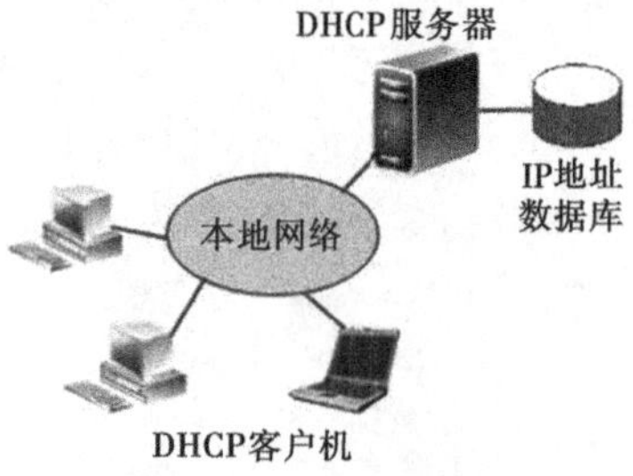

图 3-1　DHCP 网络模型

使用 DHCP 服务,集中并简化了有关 TCP/IP 配置与管理的问题,又可解决因手工设置 IP 地址可能引发的网络地址问题,例如 IP 地址重复、子网掩码配置错误、默认网关配置错误等导致网络无法连接的问题。

DHCP 使用客户/服务器模式,图 3-1 为 DHCP 网络模型。

要使用 DHCP 方式动态分配 IP 地址,整个网络中必须至少有一台安装了 DHCP 服务的服务器,其他使用 DHCP 功能的客户端必须支持自动向 DHCP 服务器索取 IP 地址的功能。当 DHCP 客户机第一次启动时,它就会自动与 DHCP 服务器通信,并由 DHCP 服务器从其 IP 地址数据库中分配一个可用的 IP 地址给 DHCP 客户机。租约到期时,这个 IP 地址就会由 DHCP 服务器收回,并可将其提供给其他的 DHCP 客户机使用。

任务分析

搭建一台 DHCP 服务器需要一些必备条件的支持。首先需要选择一台运行 Windows Server 2008 R2 的计算机作 DHCP 服务器,在其上安装 DHCP 服务,并为这台服务器配置一个固定 IP 地址。DHCP 服务可以通过“服务器管理器”管理工具中的“添加角色”功能来安装。

任务实施

1. 为 DHCP 服务器配置固定 IP 地址

①将 2008 R2 虚拟机计算机名更改为 DHCPServer。

②配置 DHCPServer 的 IP 地址为 192.168.10.1，子网掩码为 255.255.255.0。

2. 安装 DHCP 服务器角色

①以管理员身份登录 DHCPServer，执行"开始→"管理工具"→"服务器管理器"命令，打开"服务器管理器"控制台。

②如图 3-2 所示，在"服务器管理器"控制台中选中左侧的"角色"节点，单击右侧的"添加角色"链接。

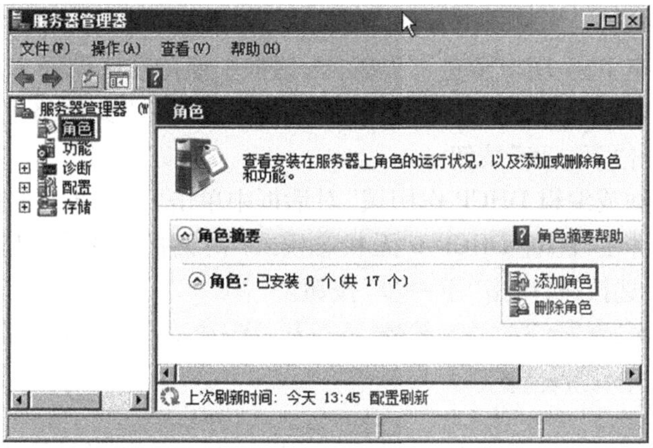

图 3-2　添加角色

③如图 3-3 所示，在"选择服务器角色"对话框中勾选"DHCP 服务器"复选框，单击"下一步"按钮。

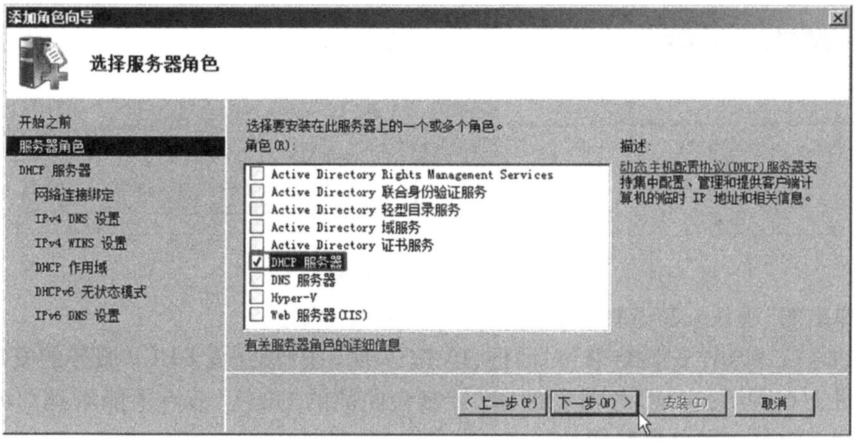

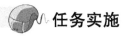

图 3-3　添加 DHCP 服务器角色

④在弹出的"DHCP 服务器简介"对话框中单击"下一步"按钮。

⑤如图 3-4 所示,在"选择网络连接绑定"对话框中勾选 IP 地址为 192.168.10.1 的网络连接,单击"下一步"按钮。

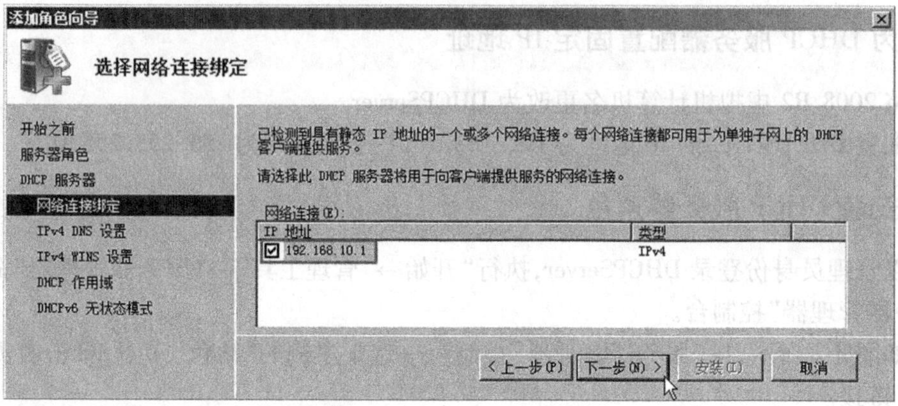

图 3-4 选择网络连接绑定

⑥在弹出的"指定 IPv4 DNS 服务器设置"对话框中保持默认设置,单击"下一步"按钮。

⑦在弹出的"指定 IPv4 WINS 服务器设置"对话框中选中"此网络上的应用程序不需要 WINS"单选按钮,单击"下一步"按钮。

⑧在弹出的"添加或编辑 DHCP 作用域"对话框中单击"下一步"按钮。

⑨如图 3-5 所示,在"配置 DHCPv6 无状态模式"对话框中选中"对此服务器禁用 DHCPv6 无状态模式"单选按钮,单击"下一步"按钮。

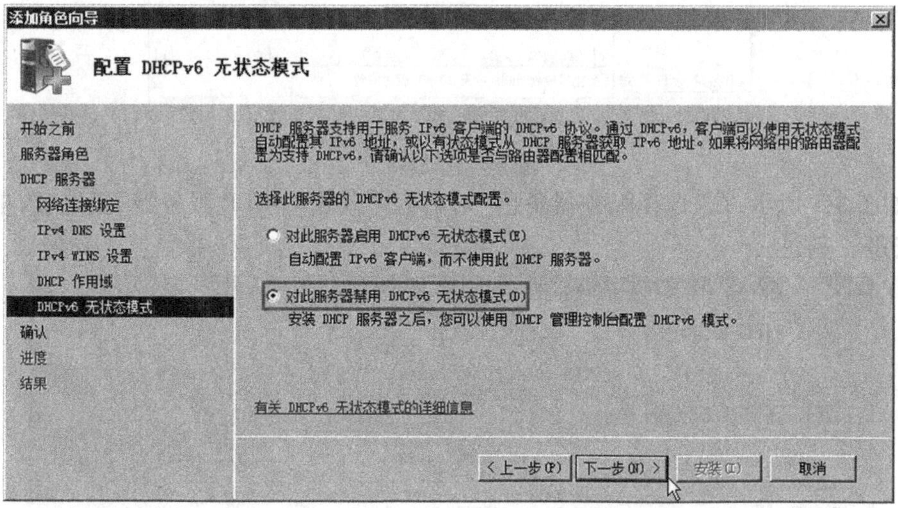

图 3-5 配置 DHCPv6 无状态模式

⑩在弹出的"确认安装选择"对话框中单击"安装"按钮。

⑪片刻之后,弹出"安装结果"对话框,单击"关闭"按钮,完成 DHCP 服务的安装。

⑫如图 3-6 所示,在"服务器管理器"控制台左侧的"角色"节点下能看到"DHCP 服务器"项,表明 DHCP 服务已安装成功。

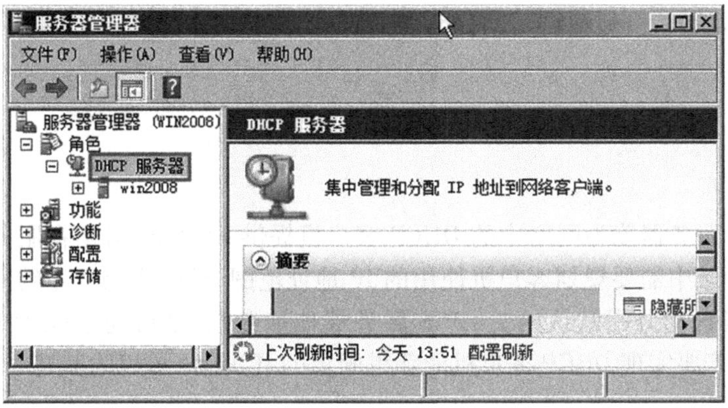

图 3-6　DHCP 服务安装完成

任务小结

本任务利用“服务器管理器”中的添加角色向导完成了 DHCP 服务的安装。安装 DHCP 服务器角色前应为计算机配置静态 IP 地址。安装过程中可以选择添加作用域，也可以选择不添加。若计算机配置有多块网卡，需要指定 DHCP 服务绑定的网络连接。

【练一练】

在运行 Windows Server 2008 R2 操作系统的计算机上安装 DHCP 服务。

任务二　DHCP 服务器的配置与测试

DHCP 服务器通过 IP 地址数据库为客户端分配 IP 地址，因此在 DHCP 服务器上必须为客户端指定一个可以使用的 IP 地址范围，这项工作称为创建作用域。DHCP 客户机指的是 IP 地址设置为自动获得的计算机。通过在客户机上查看能否获得相应 TCP/IP 参数来检验 DHCP 服务器是否正常。

任务描述

本任务将完成 DHCP 服务器的配置与测试，网络拓扑如图 3-7 所示。将图中 DHCPServer 配置为 DHCP 服务器，要求为网络中的 Win7 Host 客户机自动分配 192.168.10.0/24 网段的 IP 地址，自动分配的默认网关及 DNS 服务器地址

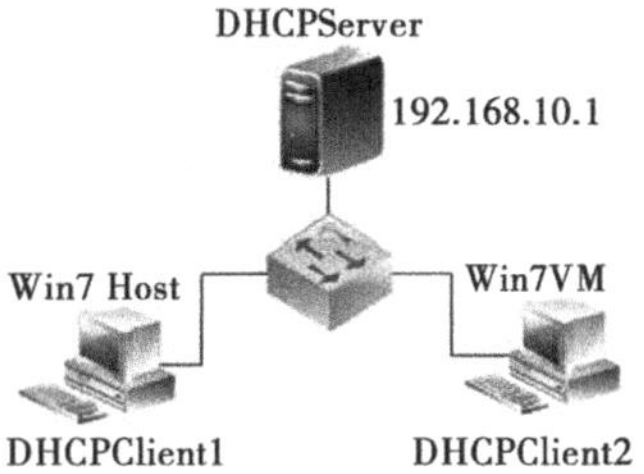

图 3-7　网络拓扑图

分别为 192.168.10.1 和 61.128.128.68。Win7VM 客户机能获得固定的 IP 地址:192.168.10.200。

任务分析

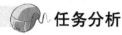

要让 DHCP 服务器能为网络中的 DHCP 客户机提供 IP 地址,必须在服务器上创建对应的作用域。作用域中需要规划客户机使用的 IP 地址范围、子网掩码及租约期限等。若要实现 DHCP 客户机自动分配默认网关、DNS 服务器地址参数,则可通过配置 DHCP 选项 003 和 006来实现。若要实现 DHCP 客户机能获得固定的 IP 地址,可以为其建立 DHCP 保留。

任务实施

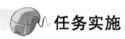

1. 在 DHCPServer 上创建并激活作用域

①执行“开始”→“管理工具”→“DHCP”命令,打开 DHCP 控制台。

②如图 3-8 所示,展开 DHCP 控制台树,右击“IPv4”节点,选择“新建作用域”命令。

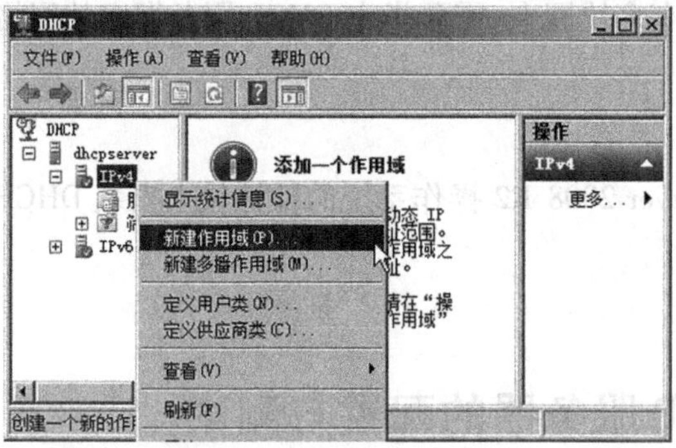

图 3-8　新建作用域

③在弹出的“欢迎使用新建作用域向导”对话框中单击“下一步”按钮。

④如图 3-9 所示,在“作用域名称”对话框中输入作用域名称与描述,单击“下一步”按钮。

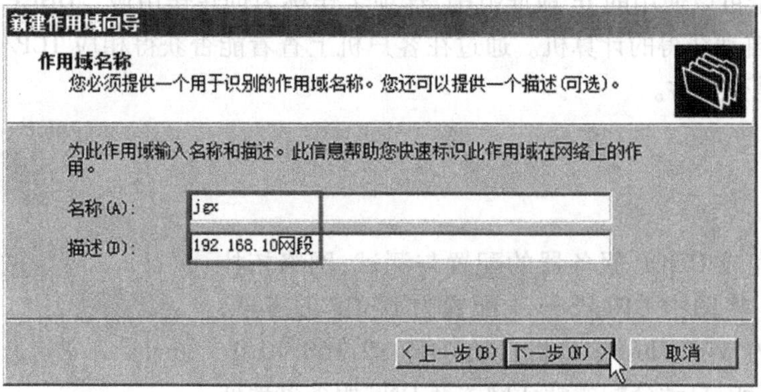

图 3-9　输入作用域名称

⑤如图 3-10 所示，在“IP 地址范围”对话框中输入此作用域的起始 IP 地址、结束 IP 地址以及子网掩码，单击“下一步”按钮。

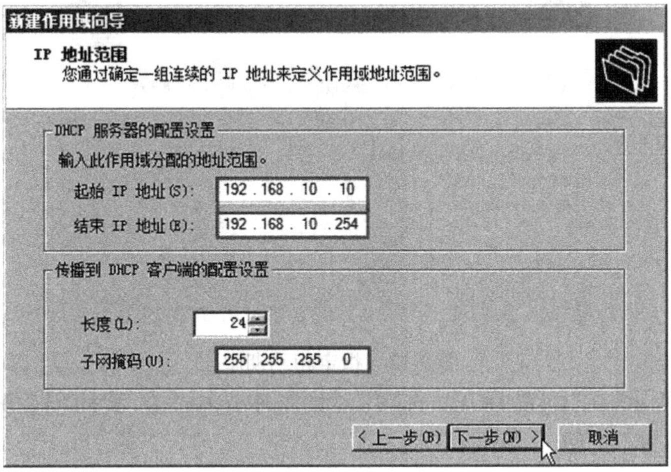

图 3-10　指定 IP 地址范围

小提示

- 在单网段无路由环境，应确保 DHCP 客户机分配的 IP 地址与 DHCP 服务器的 IP 地址在同一网段，否则 DHCP 客户机将无法从 DHCP 服务器获得 IP 地址。

⑥如图 3-11 所示，在“添加排除和延迟”对话框中输入要排除的 IP 地址范围，单击“添加”按钮，添加完毕后单击“下一步”按钮。

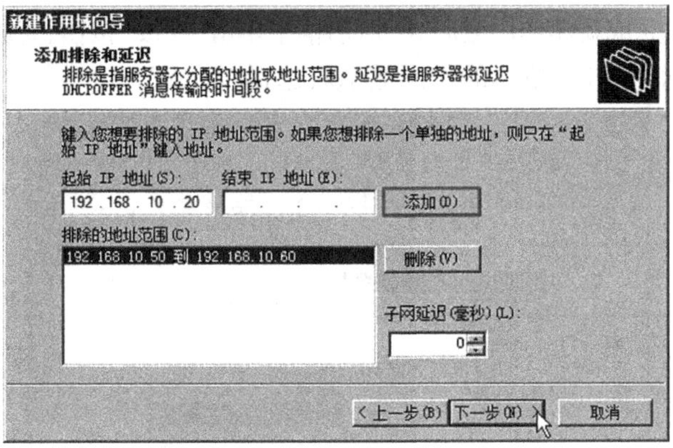

图 3-11　添加排除地址

小提示

- 排除地址是指服务器不分配的地址或地址范围，它应是此作用域地址范围的子集。

⑦如图 3-12 所示,在“租用期限”对话框中设置租期为两天,单击“下一步”按钮。

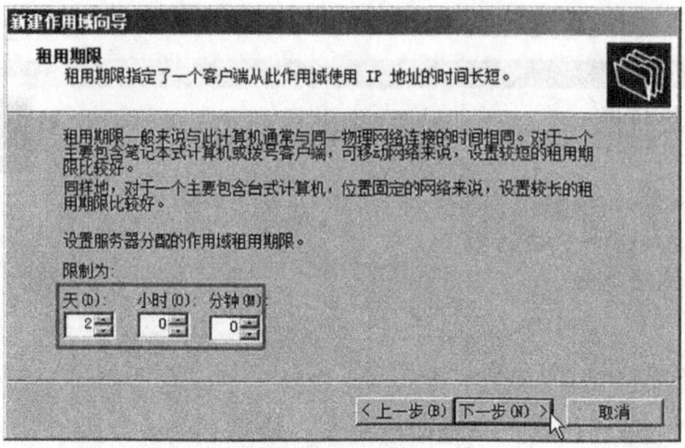

图 3-12　指定租约期限

⑧如图 3-13 所示,在“配置 DHCP 选项”对话框中选中“否,我想稍后配置这些选项”单选按钮,单击“下一步”按钮。

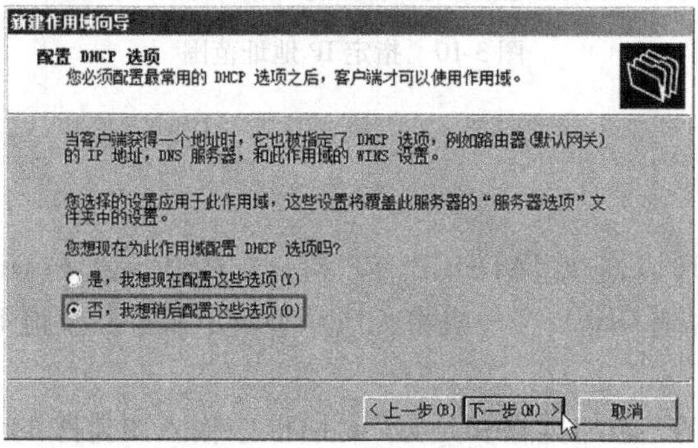

图 3-13　选择是否配置 DHCP 选项

⑨在弹出的“正在完成新建作用域向导”对话框中单击“完成”按钮,完成作用域的创建。

⑩如图 3-14 所示,右击刚新建的作用域 jgx,选择“激活”命令。

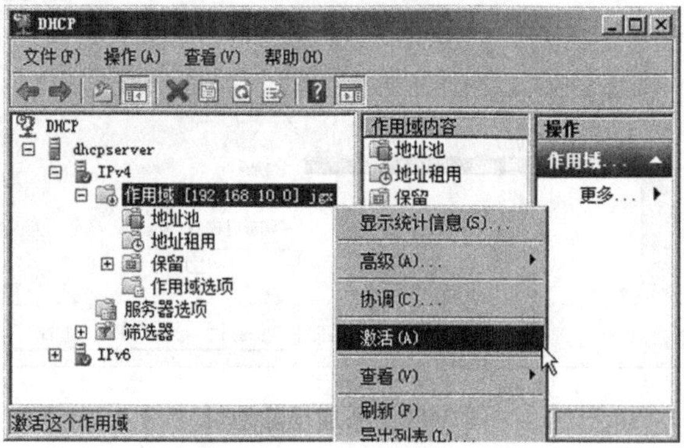

图 3-14　激活作用域

小提示

- 定义和配置作用域之后,在 DHCP 服务器开始向客户端提供服务之前,必须“激活”作用域。

2. DHCP 客户机测试

①如图 3-15 所示,打开 Win7VM,将 IP 地址和 DNS 服务器地址均设置为自动获得。

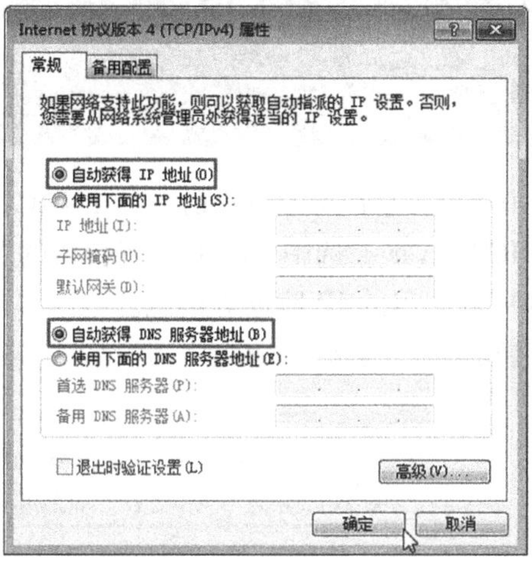

图 3-15　配置 DHCP 客户端

②如图 3-16 所示,在命令提示符下执行“ipconfig /all”命令,从输出信息中可以看出:Win7VM 获得的 IP 地址为 192.168.10.10,DHCP 服务器地址为 192.168.10.1,租期为两天,默认网关未分配。

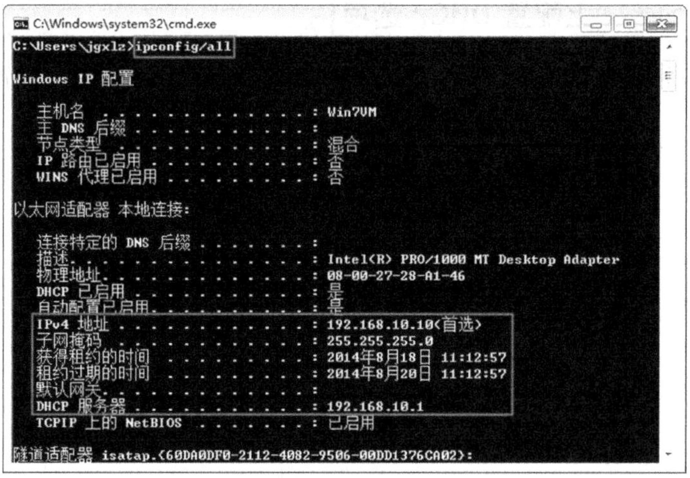

图 3-16　查看 Win7VM 的 TCP/IP 参数

③将 Win7 Host 的 IP 地址和 DNS 服务器地址均设置为自动获得。

④如图 3-17 所示,在命令提示符下执行“ipconfig /all”命令,从输出信息中可以看出:

Win7 Host 获得的 IP 地址为 192.168.10.11。

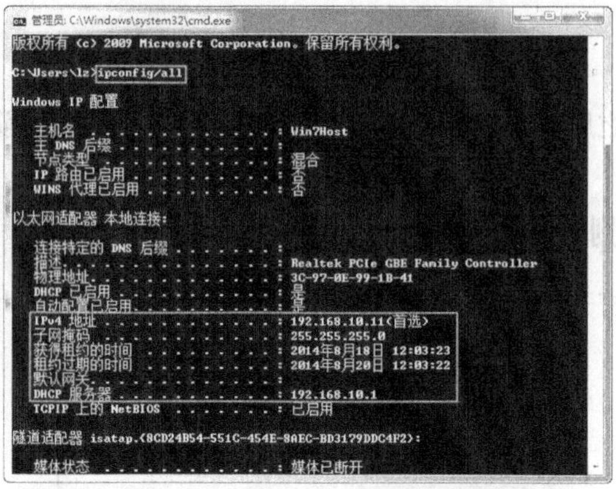

图 3-17　查看 Win7 Host 的 TCP/IP 参数

⑤如图 3-18 所示，在 DHCPServer 上选中 DHCP 控制台树的“地址租用”节点，在中部窗格中可以看到两台 DHCP 客户端获得的 IP 地址等信息。

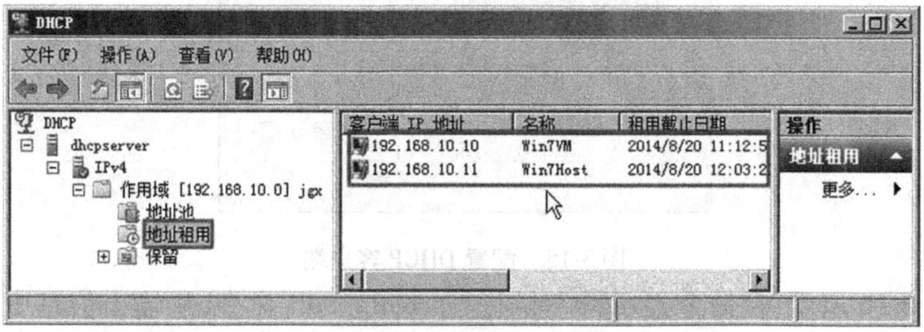

图 3-18　查看地址租用

3. 在 DHCPServer 上配置 DHCP 选项

①如图 3-19 所示，右击作用域 jgx 下方的“作用域选项”节点，选择“配置选项”命令。

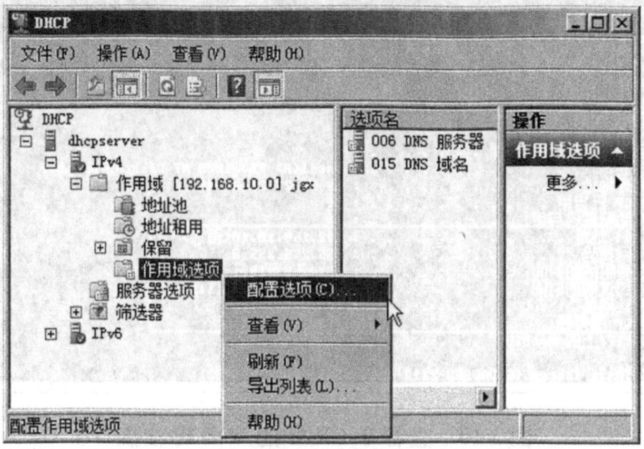

图 3-19　配置作用域选项

②如图 3-20 所示，在“作用域选项”对话框的“常规”选项卡中勾选“003 路由器”选项，

在“IP 地址”文本框中输入“192.168.10.1”，单击“添加”按钮。

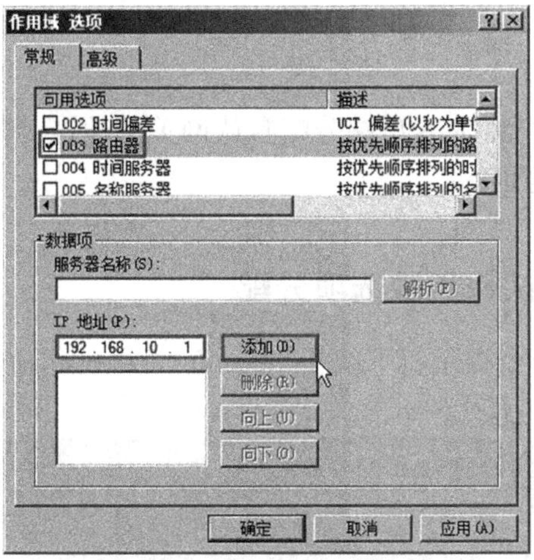

图 3-20　配置作用域选项 003

③如图 3-21 所示，继续勾选“006DNS 服务器”选项，添加地址“61.128.128.68”，单击“确定”按钮。

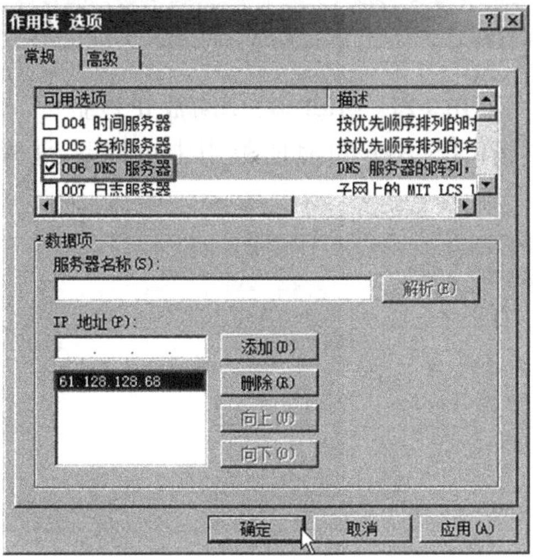

图 3-21　配置作用域选项 006

④如图 3-22 所示，作用域选项“003 路由器”和“006DNS 服务器”配置完毕。

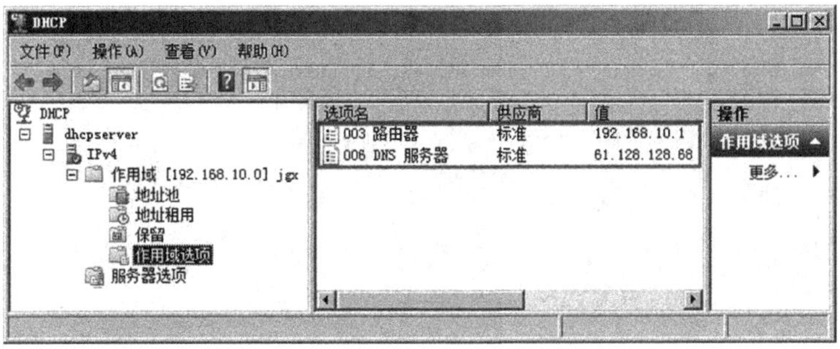

图 3-22　作用域选项配置完毕

小提示

- DHCP 选项“003 路由器”为客户端分配默认网关的地址,“006DNS 服务器”为客户端分配 DNS 服务器地址。

4. 在 Win7VM 上测试作用域选项分配

①如图 3-23 所示,在命令提示符下执行“ipconfig /release”命令,释放租用的 IP 地址。

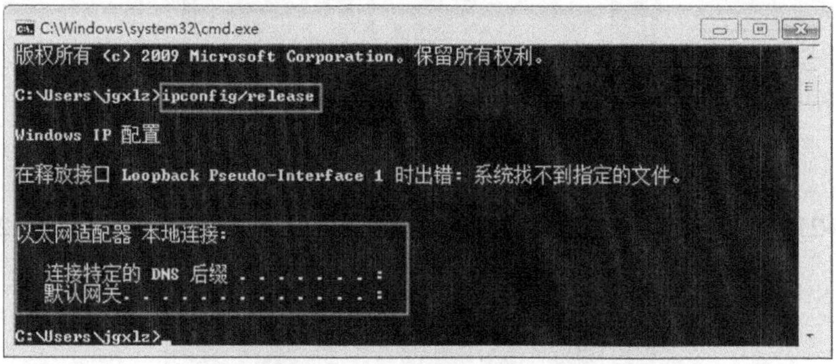

图 3-23　DHCP 客户端释放 IP 地址

②如图 3-24 所示,在 DHCPServer 的地址租用中可以看到 Win7VM 已释放租用的 IP 地址。

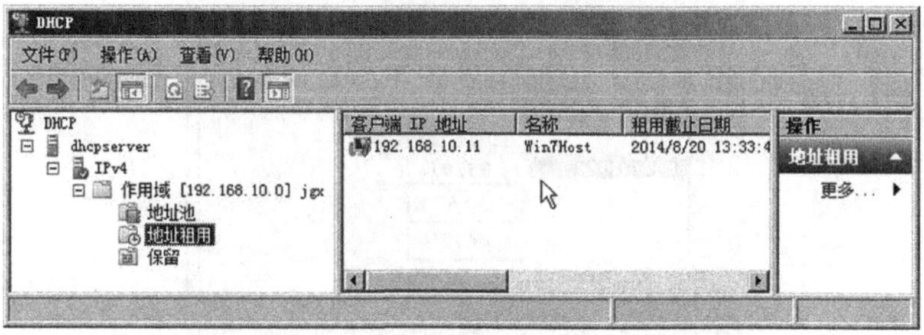

图 3-24　验证 DHCP 客户端释放 IP 地址

③如图 3-25 所示,在 Win7VM 的命令提示符下执行“ipconfig /renew”命令,手动更新租约。

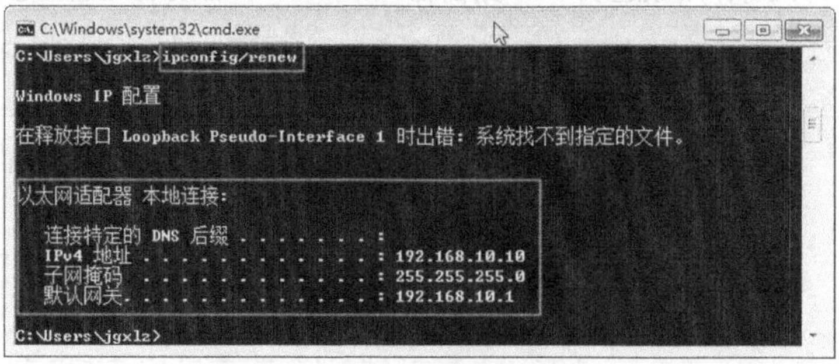

图 3-25　手动更新租约

④如图 3-26 所示，在 Win7VM 上再次执行“ipconfig /all”命令，可以看出作用域选项“003 路由器”和“006DNS 服务器”中配置的参数已分配给 DHCP 客户端。

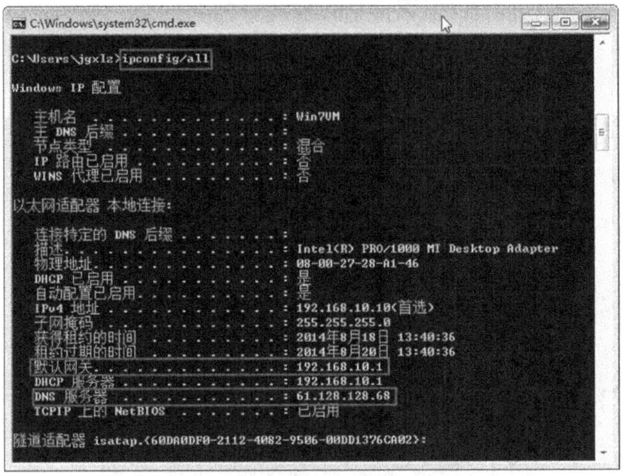

图 3-26　验证作用域选项 003 和 006 的作用

小提示

- 在 DHCP 客户端执行“ipconfig/release”命令，用于释放租用的 IP 地址。执行“ipconfig/renew”命令，则用于更新租约，使服务器上的参数变更能即时地反映到客户端。

5. 为 Win7VM 建立保留

①如图 3-27 所示，在 Win7VM 上使用“ipconfig /all”命令查看并记录网卡的物理地址（MAC 地址）“08-00-27-28-A1-46”。

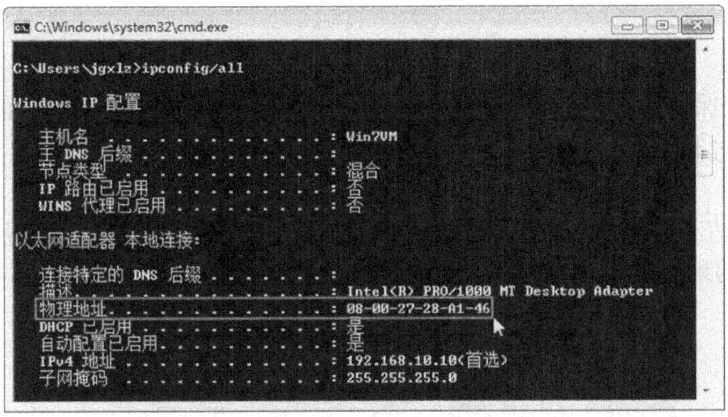

图 3-27　查看网卡物理地址

②如图 3-28 所示，在 DHCPServer 上右击 DHCP 控制台树的“保留”节点，选择“新建保留”命令。

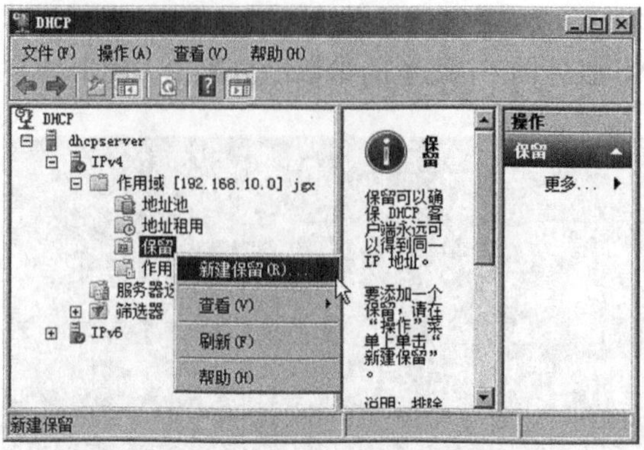

图 3-28　新建保留

③如图 3-29 所示，在"新建保留"对话框中输入保留名称、IP 地址及 MAC 地址，单击"添加"按钮。

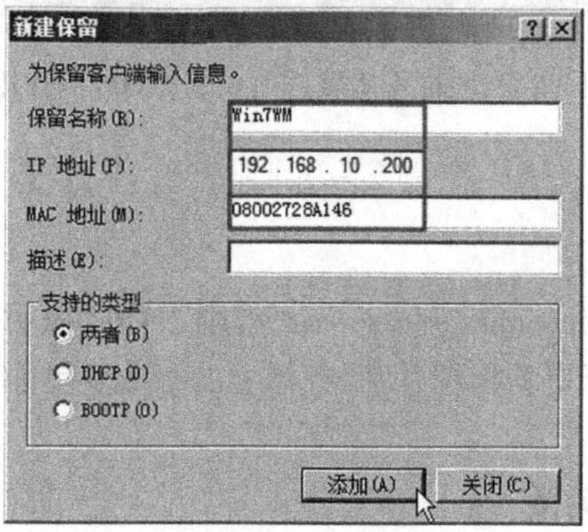

图 3-29　输入保留信息

小提示

- 建立客户端保留可以确保特定的 DHCP 客户端永远得到同一 IP 地址，相当于建立了 IP 地址与 MAC 地址的绑定。

④如图 3-30 所示，在 Win7VM 上再次执行"ipconfig /renew"命令，租约更新成功后其 IP 地址已变为保留的地址：192.168.10.200。

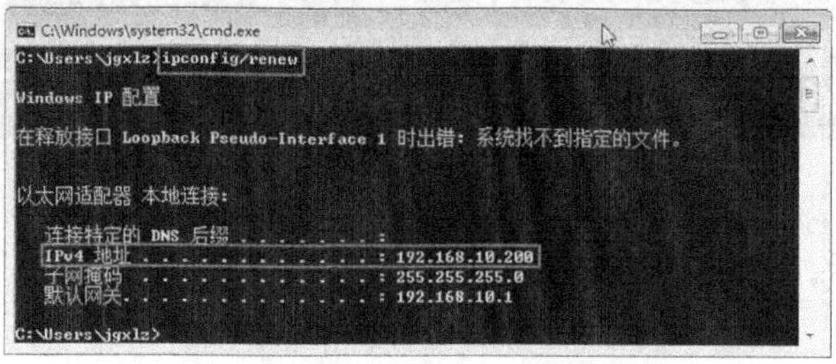

图 3-30　测试 DHCP 客户端保留

任务小结

本任务通过在 DHCP 服务器上建立作用域、配置作用域选项,实现了 DHCP 客户 IP 地址、子网掩码、默认网关以及 DNS 服务器地址的自动获得。若要让 DHCP 客户端总能获得同一 IP 地址,可以通过在 DHCP 服务器上建立保留来实现。

【练一练】

配置 DHCP 服务器,要求能为网络中的 200 台计算机自动分配的 IP 地址范围为 192.168.1.1—192.168.1.200/24,默认网关为 192.168.1.254,DNS 服务器地址为 61.128.128.68。

模块实训

将 VMWin7、VMXP、VM2008 R2 三台虚拟机的网络连接方式均设置为"内部网络",将 VM2008 R2 配置为 DHCP 服务器,将 VMWin7 和 VMXP 配置为 DHCP 客户机。要求实现:VMWin7 获得的 IP 地址在 172.16.1.1—172.16.1.100/16,默认网关为 172.16.1.254,DNS 服务器地址为 61.128.128.68;VMXP 总能获得 172.16.1.100 的 IP 地址。在 DHCP 客户端使用 ipconfig/renew、ipconfig/all 命令测试 DHCP 服务器配置是否正确。

模块四

配置 DNS 服务器

王明是公司的网络管理员，为了减少网络中因域名解析消耗的流量，同时为了实现公司员工能使用好记忆的名字“www. jgx. com”“ftp. jgx. com”和“mail. jgx. com”分别访问公司内部的 Web 服务器、FTP 服务器和邮件服务器，他想到了在公司内部部署自己的 DNS 服务器。

学完本模块后，你将能够：

- 理解 DNS 服务器在网络中的作用及工作原理；
- 安装与配置 DNS 服务器；
- 使用 Nslookup 命令测试 DNS 服务器。

任务一　安装与配置 DNS 服务器

DNS(Domain Name System,域名系统)是域名解析服务器的意思,它是因特网的一项核心服务。DNS 作为可以将域名和 IP 地址相互映射的一个分布式数据库,能够使用户更方便地访问互联网,而不用去记住能够被机器直接读取的 IP 地址。

任务描述

本任务将一台运行 Windows Server 2008 R2 操作系统的计算机配置为 DNS 服务器,让其能够实现如表 4-1 所示的域名到 IP 地址的解析。

表 4-1　域名和 IP 地址的对应关系

域　名	IP 地址
www. jgx. com	192. 168. 100. 10
ftp. jgx. com	192. 168. 100. 20
mail. jgx. com	192. 168. 100. 30

本任务的网络拓扑如图 4-1 所示,图中的 DNSServer 为 DNS 服务器,Win7VM 为 DNS 客户机,用于测试。

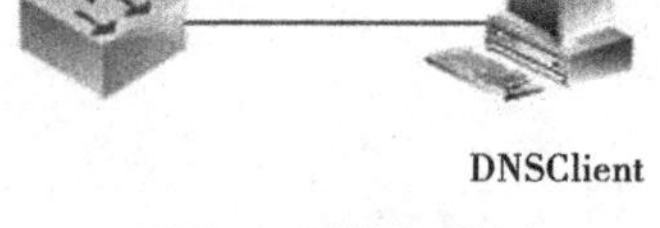

图 4-1　网络拓扑图

【相关知识】

DNS 服务器是指“域名解析服务器”,而域名就是人们通常所说的“网址”。在互联网中识别和访问不同的计算机,实际上是需要知道该计算机的 IP 地址才能进行的。比如在浏览器中输入 IP 地址 125. 65. 111. 47,就可以访问重庆教育管理学校的门户网站。如果要求用户在浏览网页时用 IP 地址来访问的话,无疑很难令人记住,不利于网站的推广，而通常都是用域名 www. cqjgx. com 来访问这家网站的。DNS 服务器的作用就是让计算机自动将域名“翻译”成相应的 IP 地址，从而可以用简单好记忆的名字来访问网络中的计算机。

DNS 是一个层次结构的网络命名空间，如图 4-2 所示。

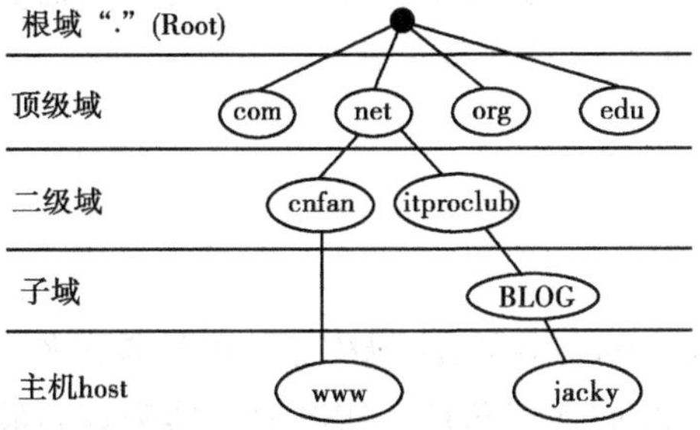

图 4-2　DNS 名称名空间

DNS 名称空间包括根域、顶级域、二级域以及子域。这个树形结构的顶层称为根域，用“. ”来表示。每个域下可以有子域，主机位于特定的域中。DNS 名称空间与主机名称合在一起就是完全合格的域名（FQDN），它指向了名称树中一个确切的位置。图中两主机完全合格的域名分别为 www. cnfan. net 及 jacky. blog. itproclub. net。

DNS 是基于客户机/服务器模式运行的。图 4-3 表示了 DNS 客户端查询域名 www. jgx. com 的过程。

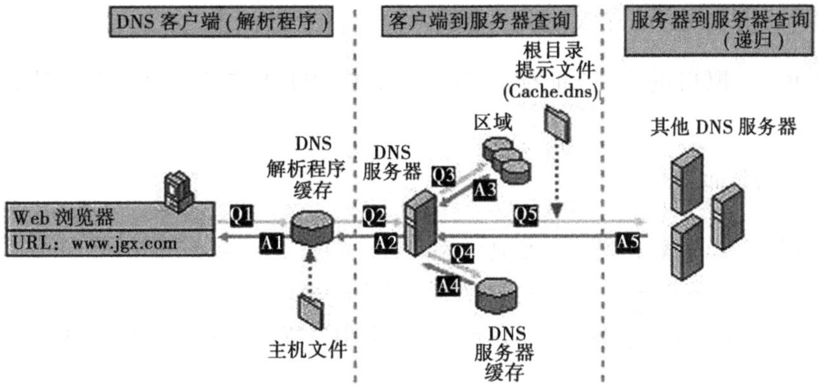

图 4-3　域名查询过程

（1）本地解析

DNS 客户端程序首先使用本地缓存信息进行解析，如果可以解析所要查询的名称，则 DNS 客户端程序就直接应答该查询，而不需要向 DNS 服务器查询。该 DNS 查询处理过程也就结束了。

（2）直接解析

如果 DNS 客户端程序不能从本地 DNS 缓存回答客户机的 DNS 查询，它就向客户机所设定的 DNS 服务器发一个查询请求，要求本地 DNS 服务器进行解析。本地 DNS 服务器得到这个查询请求，首先查看一下所要求查询的域名是不是自己能回答的，如果能回答，则直接给予回答；如不能回答，再查看自己的 DNS 缓存，如果可以从缓存中解析，则也是直接给予回应。

(3)递归解析

当本地 DNS 服务器自己不能回答客户机的 DNS 查询时,它就需要向其他 DNS 服务器进行查询。本地 DNS 服务器自己负责向其他 DNS 服务器进行查询,一般是先向根域服务器查询,再由根域名服务器一级级向下查询。最后得到的查询结果返回给本地 DNS 服务器,再由本地 DNS 服务器返回给客户端。

任务分析

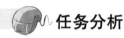

要让一台运行 Windows Server 2008 R2 操作系统的计算机作 DNS 服务器,应为其配置固定 IP 地址,并在其上安装 DNS 服务器角色。DNS 服务器配置的最主要的工作就是创建 DNS 正向查找区域并在其中建立对应的主机记录,用于实现域名到 IP 地址的查询。完成本任务需要在 DNS 服务器上创建名为"jgx. com"的正向查找区域,然后在该区域中分别建立对应各计算机 IP 地址的主机记录即可。

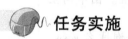

任务实施

1. 为 DNS 服务器配置固定 IP 地址

将 2008 R2 虚拟机的 IP 地址配置为 192. 168. 100. 1,首选 DNS 服务器地址设置为 61. 128. 128. 68。

2. 安装 DNS 服务

①以管理员身份登录 2008 R2 虚拟机。

②打开"服务器管理器"窗口,单击"添加角色"链接。

③如图 4-4 所示,在"选择服务器角色"对话框中选择"DNS 服务器"复选框,单击"下一步"按钮。

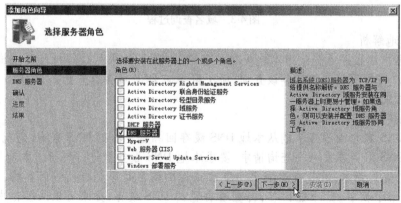

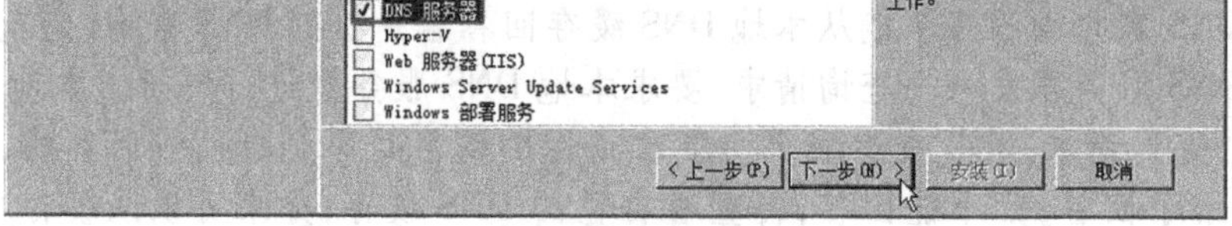

图 4-4　选择服务器角色

④在弹出的“DNS 服务器简介”对话框中单击“下一步”按钮。

⑤在弹出的“确认安装选择”对话框中单击“安装”按钮。

⑥在弹出的“安装结果”对话框中单击“关闭”按钮，完成 DNS 服务的安装。

3. 查看 DNS 根提示

①执行“开始”→“管理工具”→“DNS”命令，打开“DNS 管理器”窗口。

②如图 4-5 所示，在“DNS 管理器”窗口中右击“2008R2”服务器，选择“属性”命令。

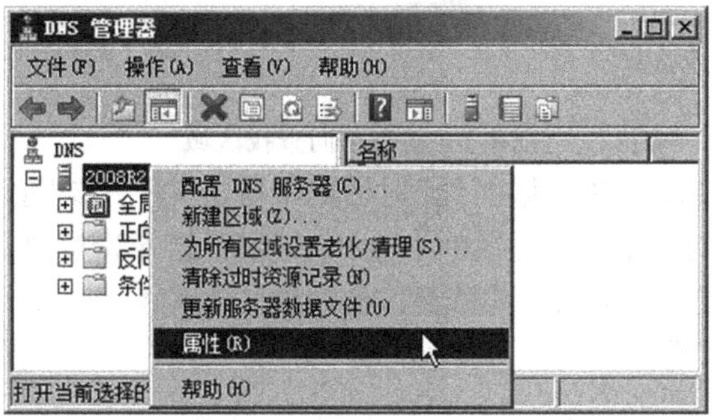

图 4-5　查看 DNS 服务器属性

③如图 4-6 所示，在服务器属性对话框中切换到“根提示”选项卡，可以看到 13 台 DNS 根服务器的域名及 IP 地址。

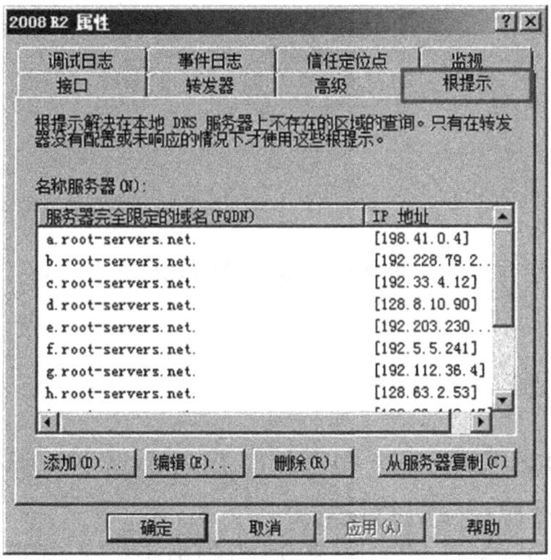

图 4-6　查看 DNS 根提示

4. 创建正向查找区域

①如图 4-7 所示，在 DNS 控制台树中右击“正向查找区域”，选择“新建区域”命令。

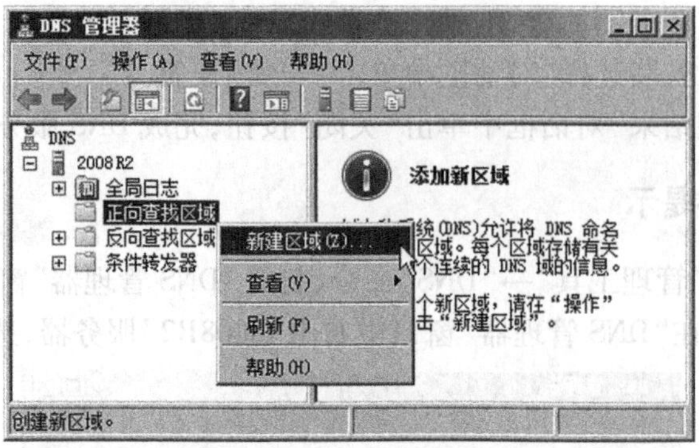

图 4-7　新建正向查找区域

②在弹出的“欢迎使用新建区域向导”对话框中单击“下一步”按钮。

③如图 4-8 所示，在“区域类型”对话框中选中“主要区域”单选按钮，单击“下一步”按钮。

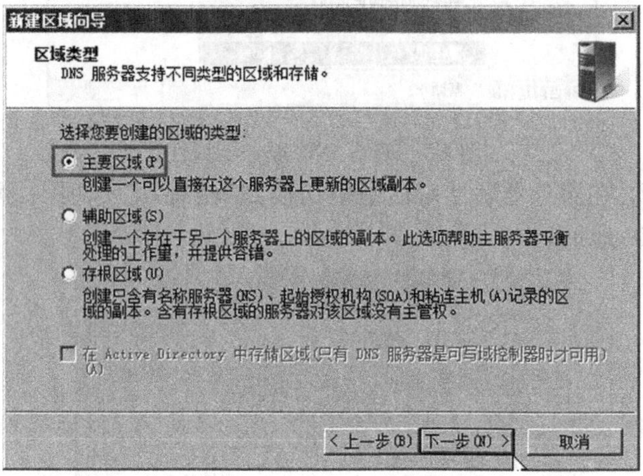

图 4-8　选择区域类型

小提示

- **主要区域**：位于主 DNS 服务器上，包含相应 DNS 命名空间所有的资源记录，可以对主要区域中的所有资源记录进行读写。
- **辅助区域**：位于辅助 DNS 服务器上，是主要区域的备份，其中的数据是从主 DNS 服务器的主要区域直接复制而来。辅助区域的数据是只读的，不能修改。
- **存根区域**：位于辅助 DNS 服务器上，和辅助区域类似，其中的数据是从主 DNS 服务器的主要区域复制而来。不同之处在于：辅助区域复制主要区域中的所有记录，但存根区域只复制主要区域的 SOA 记录、NS 记录以及解析 NS 记录的 A 记录。

④如图 4-9 所示，在“区域名称”对话框中输入区域名称“jgx. com”，单击“下一步”按钮。

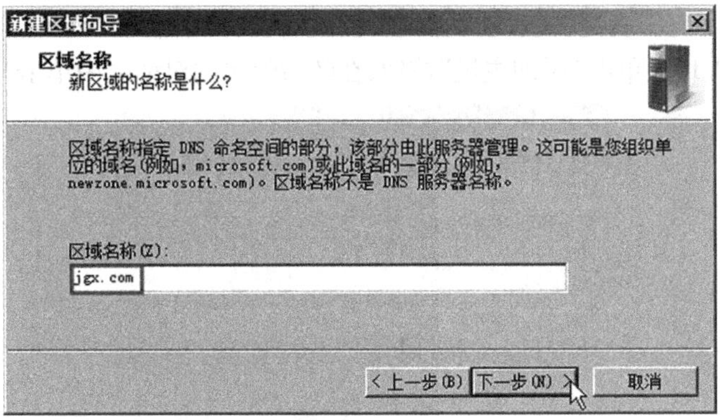

图 4-9　键入区域名称

⑤在弹出的“区域文件”对话框中保持默认设置，单击“下一步”按钮。

⑥如图 4-10 所示，在“动态更新”对话框中选中“不允许动态更新”单选按钮，单击“下一步”按钮。

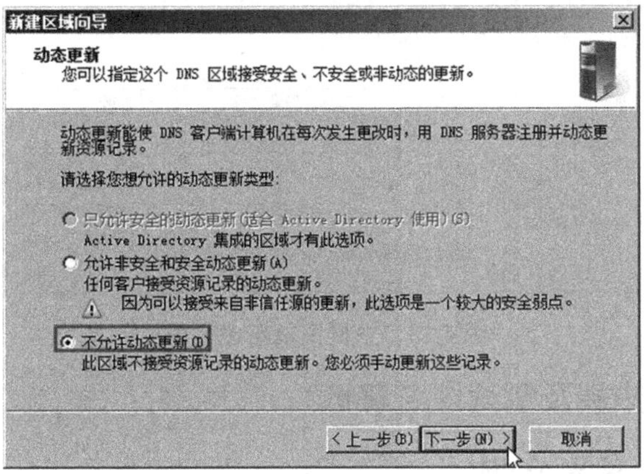

图 4-10　指定区域是否允许动态更新

⑦在弹出的“正在完成新建区域向导”对话框中单击“完成”按钮，完成区域的创建。

5. 在区域中新建主机

①如图 4-11 所示，右击新建的 jgx.com 区域，选择“新建主机”命令。

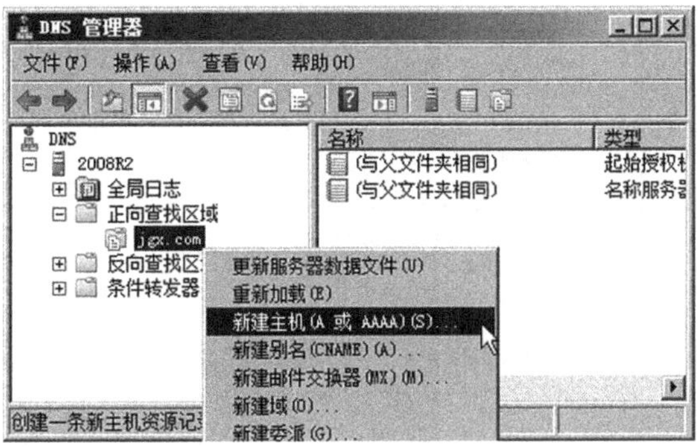

图 4-11　新建主机

②如图 4-12 所示,在“新建主机”对话框的“名称”编辑框中输入“www”,在“IP 地址”编辑框中输入“192.168.100.10”,单击“添加主机”按钮,在随后弹出的对话框中单击“确定”按钮。

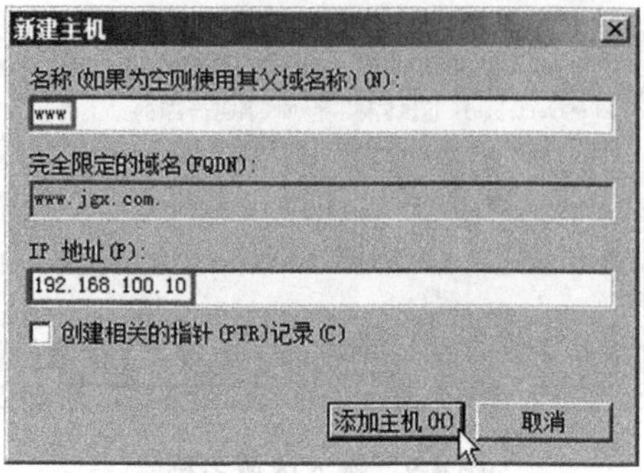

图 4-12　输入主机信息

③用同样的方法,在 jgx.com 区域中添加 ftp 及 mail 主机。

④如图 4-13 所示,在 jgx.com 区域中完成 www、ftp 及 mail 主机的创建。

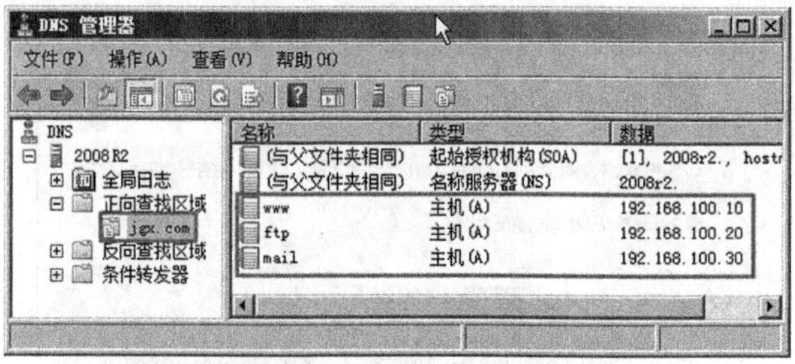

图 4-13　主机记录新建完毕

6. 设置 DNS 客户端及测试域名解析

①以管理员身份登录 Win7VM。

②如图 4-14 所示,设置 DNS 客户端,将 Win7VM 的首选 DNS 服务器地址设置为2008 R2 虚拟机的 IP 地址:192.168.100.1。

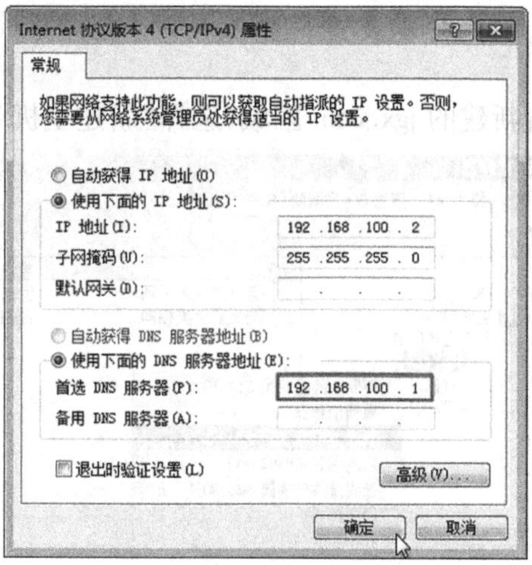

图 4-14　设置 DNS 客户端

③在命令提示符下执行“nslookup”命令，进入 Nslookup 交互界面，出现“ > ”提示符。

④如图 4-15 所示，在“ > ”提示符下依次输入要查询的域名“www. jgx. com”“ftp. jgx. com”和“mail. jgx. com”，在下方可以看到域名和 IP 地址的对应关系，表明 DNS 服务器工作正常。

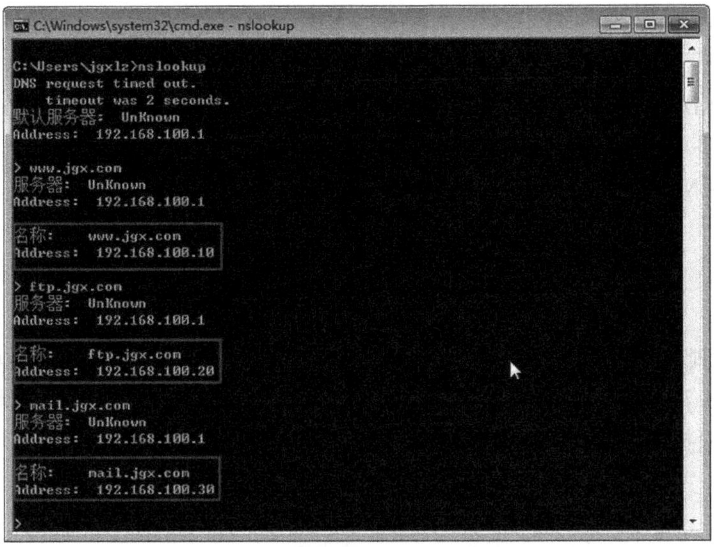

图 4-15 查询域名对应的 IP 地址

小提示

- Nslookup 是一个监测网络中 DNS 服务器是否能正确实现域名解析的命令行工具。Nslookup 最简单的用法就是查询域名对应的 IP 地址。首先在命令提示符下输入 Nslookup 命令并按回车键，进入 Nslookup 交互式界面，出现“ > ”提示符，在其后输入要查询的域名就可以显示域名所对应的 IP 地址。

任务小结

本任务介绍了 DNS 正向查找区域及主机记录的创建方法。利用主机记录可以实现域名到 IP 地址的查询，可以借助 Nslookup 命令来检查 DNS 服务器能否实现域名解析。

【练一练】

将运行 Windows Server 2008 R2 操作系统的计算机配置为 DNS 服务器，要求它能完成域名 www. zhangsan. com 到 IP 地址 192. 168. 1. 1 的解析。完成后使用 Nslookup 命令测试。

任务二　建立与测试其他类型的资源记录

DNS 资源记录是用于答复 DNS 客户端请求的 DNS 数据库记录，每一个 DNS 服务器包含了它所管理的 DNS 命名空间的所有资源记录。资源记录包含和特定主机有关的信息，如 IP 地址、提供服务的类型等。常见的资源记录类型有：SOA（起始授权结构）、A（主机）、NS（名称服务器）、CNAME（别名）和 MX（邮件交换）。

任务描述

本任务将为邮件服务器 mail. jgx. com 创建邮件交换记录及别名记录，以便邮件客户端能使用域名 smtp. jgx. com 和 pop3. jgx. com 来访问邮件服务器。在“反向查找区域”中创建 PTR 记录，实现根据 IP 地址查询对应的域名。

【相关知识】

常见资源记录类型及说明如表 4-2 所示。

表 4-2　资源记录类型及说明

资源记录类型	说　明
SOA（起始授权机构）	定义了该域中的哪个名称服务器是权威名称服务器
NS（名称服务器）	表示某区域的权威服务器和 SOA 中指定的该区域的主服务器和辅助服务器
A（主机）	列出了区域中 FQDN 到 IP 地址的映射
PTR（指针）	相对于 A 资源记录，PTR 记录把 IP 地址映射到 FQDN
MX（邮件交换）	邮件交换记录，用以向用户指明可以为该域接收邮件的服务器
CNAME（别名）	将多个名字映射到同一台计算机，便于用户访问

任务分析

在创建邮件交换记录、别名记录以及指针记录前都需要先建立相应的主机记录。指针记录应建立在对应的反向查找区域中。完成各种上述资源记录的创建后，使用 Nslookup 命令来测试 DNS 服务器能否解析。

任务实施

1. 为邮件服务器新建主机记录

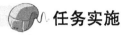

如图 4-16 所示，在 jgx. com 区域中新建主机记录，其完全合格的域名为 mail. jgx. com。

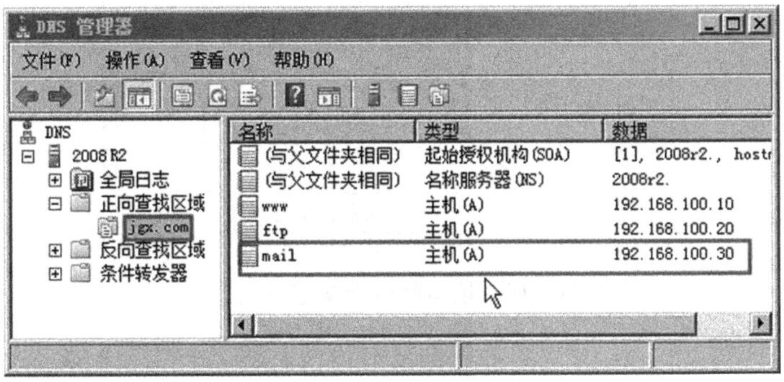

图 4-16　建立主机记录

2. 新建指向邮件服务器的邮件交换记录

①如图 4-17 所示，右击 jgx. com 区域，选择“新建邮件交换器(MX)”命令。

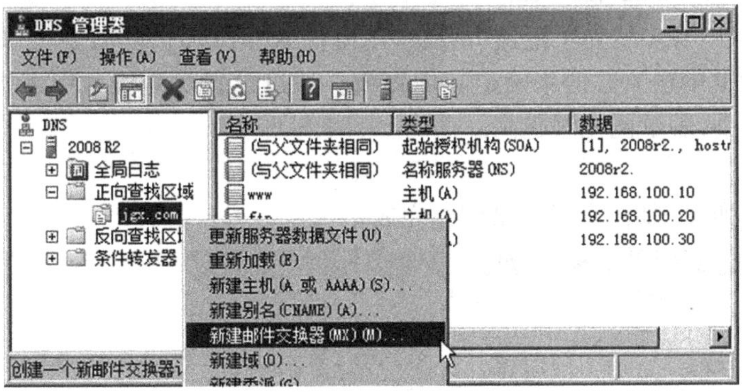

图 4-17　新建邮件交换记录

②如图 4-18 所示，在“新建资源记录”对话框的“邮件服务器的完全限定的域名(FQDN)”编辑框中输入“mail. jgx. com”，将邮件服务器优先级设置为“10”，单击“确定”按钮。

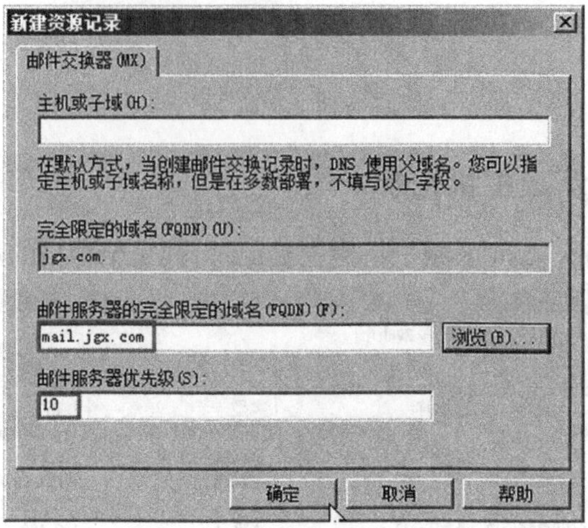

图 4-18　填写邮件交换记录信息

小提示

- 一般情况下，"主机或子域"编辑框中应该保持为空，这样才能得到诸如 user@ jgx. com 之类的信箱地址。如果在"主机或子域"编辑框中输入内容（如 mail），则信箱名将会成为 user@ mail. jgx. com。
- 当同一区域中有多个 MX 记录（即有多个邮件服务器）时，则需要在"邮件服务器优先级"编辑框中输入数值来确定其优先级。通过设置优先级数字来指明首选服务器，数字越小，表示优先级越高。

③如图 4-19 所示，邮件交换记录创建完成。

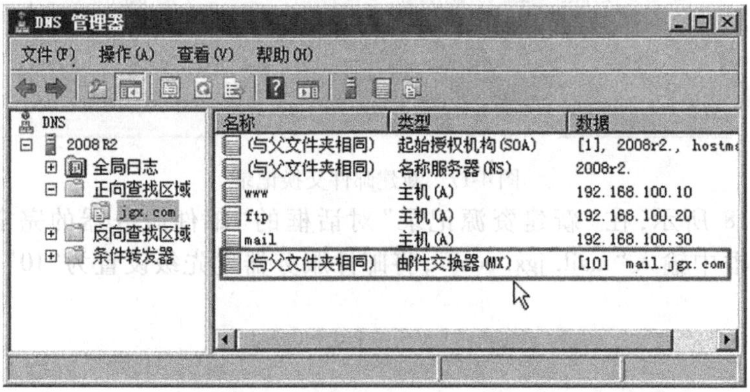

图 4-19　邮件交换记录创建完成

3. 为邮件服务器新建别名记录

①如图 4-20 所示，右击 jgx. com 区域，选择"新建别名（CNAME）"命令。

②如图 4-21 所示，在"别名"编辑框中输入"smtp"，在"目标主机的完全合格的域名

(FQDN)"编辑框中输入"mail. jgx. com",单击"确定"按钮。

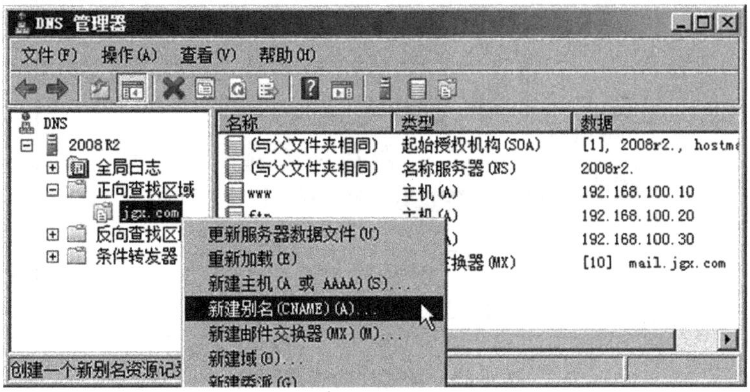

图 4-20　新建别名记录

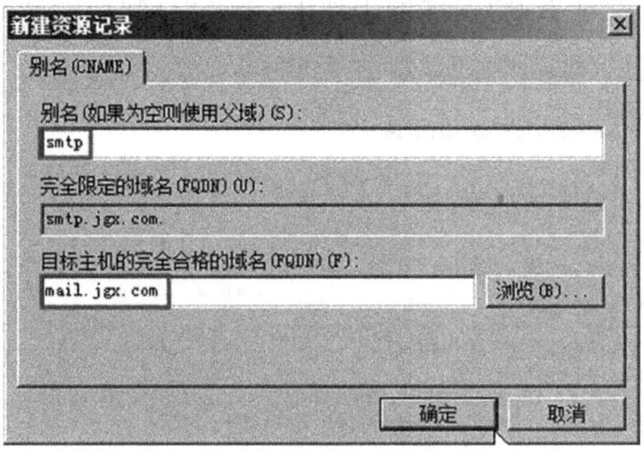

图 4-21　填写别名记录信息

③继续新建别名记录。在"别名"编辑框中输入"pop3",在"目标主机的完全合格的域名(FQDN)"编辑框中输入"mail. jgx. com",单击"确定"按钮。

④如图 4-22 所示,邮件服务器的两条别名记录创建完成。

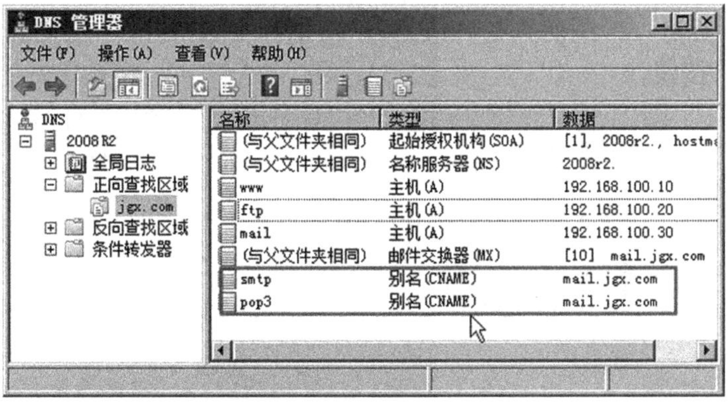

图 4-22　别名记录创建完毕

4. 新建反向查找区域

①如图 4-23 所示,在 DNS 控制台树中右击"反向查找区域",选择"新建区域"命令。

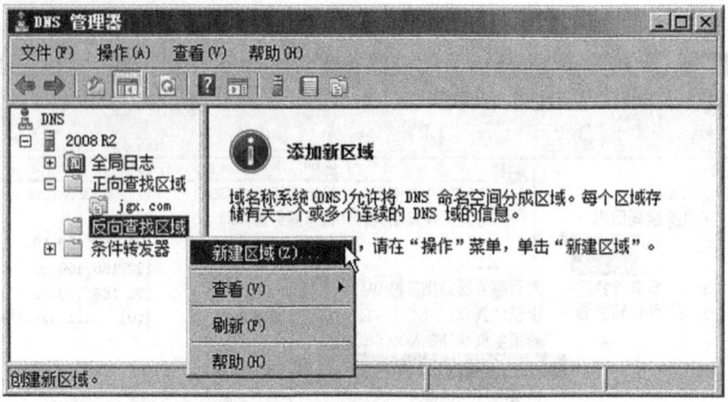

图 4-23　新建反向查找区域

②在“新建区域向导”对话框中单击“下一步”按钮。

③如图 4-24 所示，在“区域类型”对话框中选中“主要区域”单选按钮，单击“下一步”按钮。

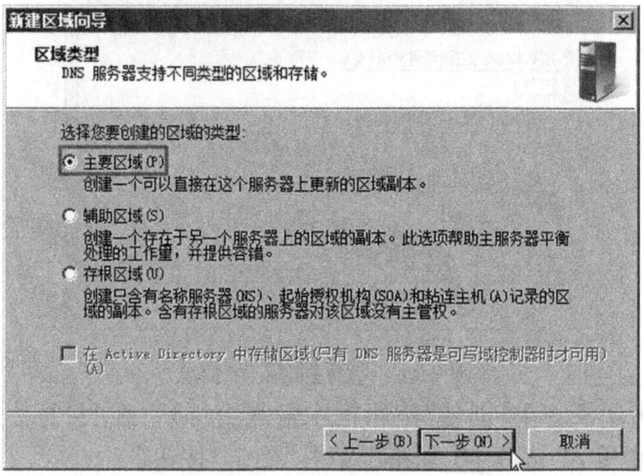

图 4-24　选择区域类型

④如图 4-25 所示，在“反向查找区域名称”对话框中选中“IPv4 反向查找区域”单选按钮，单击“下一步”按钮。

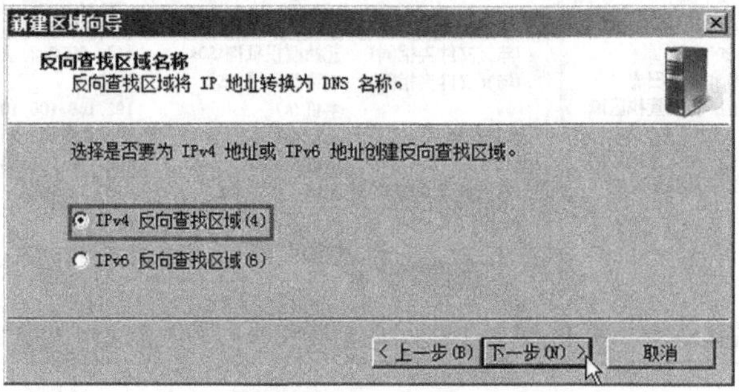

图 4-25　选择为 IPv4 创建反向查找区域

⑤如图 4-26 所示，选中“网络 ID”单选按钮，在编辑框中输入“192. 168. 100”，单击“下一步”按钮。

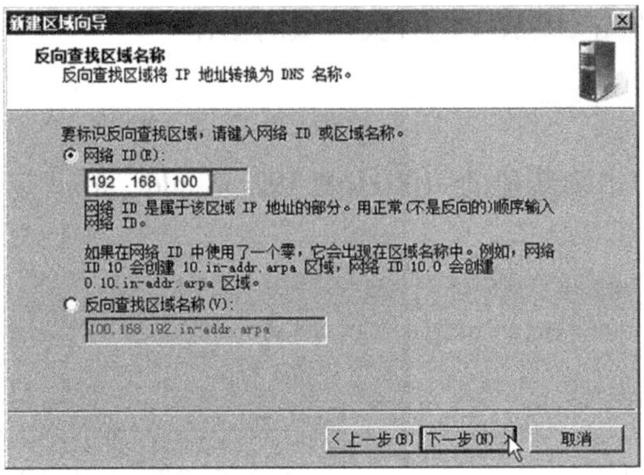

图 4-26　指定反向查找区域的网络 ID

⑥如图 4-27 所示,在“区域文件”对话框中选中“创建新文件,文件名为”单选按钮,保持默认文件名,单击“下一步”按钮。

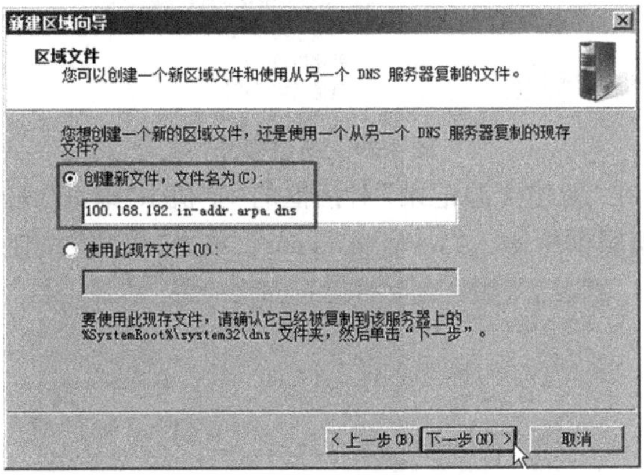

图 4-27　创建区域文件

⑦如图 4-28 所示,在“动态更新”对话框中选中“不允许动态更新”单选按钮,单击“下一步”按钮。

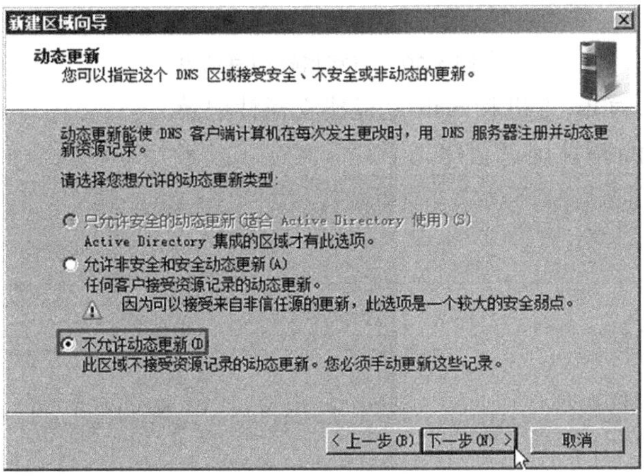

图 4-28　指定 DNS 区域是否允许动态更新

⑧最后单击“完成”按钮,完成反向查找区域的创建。

5. 新建指针记录

①如图 4-29 所示,右击刚新建的“100. 168. 192. in-addr. arpa”反向查找区域,选择“新建指针(PTR)”命令。

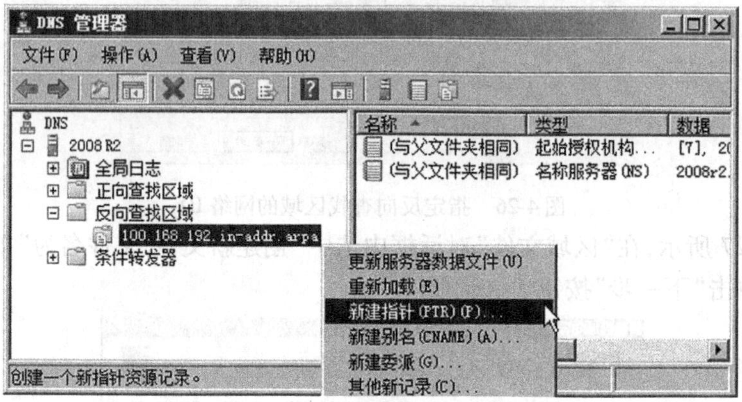

图 4-29　新建指针

②如图 4-30 所示,在“新建资源记录”对话框的“主机 IP 地址”编辑框中键入“192. 168. 100. 10”,在“主机名”编辑框中键入“www. jgx. com”,单击“确定”按钮。

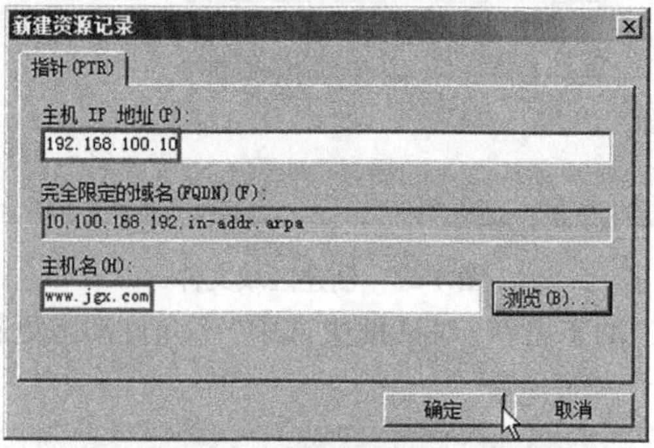

图 4-30　填写指针记录信息

③用同样的方法为 ftp 主机和 mail 主机建立指针记录。

④如图 4-31 所示,指针记录新建完毕。

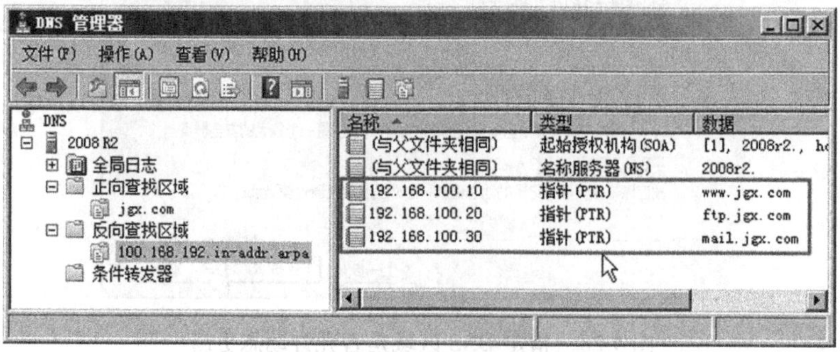

图 4-31　指针记录新建完毕

6. 在 DNSServer 上使用 Nslookup 命令测试

①设置 DNS 客户端，将 DNSServer 的首选 DNS 服务器地址设置为本机的 IP 地址：192.168.100.1。

②进入命令提示符状态，执行 nslookup 命令。

③如图 4-32 所示，测试邮件交换 MX 资源记录。在 Nslookup 程序提示符“ > ”后先执行“set type = mx”命令，然后再输入要查询的域名，Nslookup 会返回域名对应的邮件交换器地址。

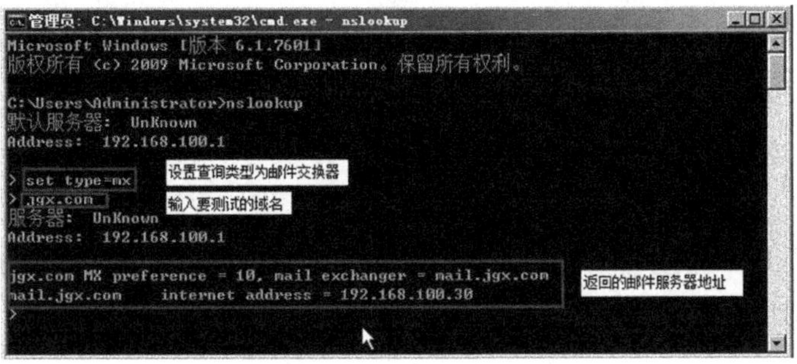

图 4-32　测试邮件交换记录

④如图 4-33 所示，测试别名 CNAME 资源记录。在 Nslookup 程序提示符“ > ”后先执行“set type = cname”命令，然后再输入要查询的别名，Nslookup 会返回别名对应的真实域名。

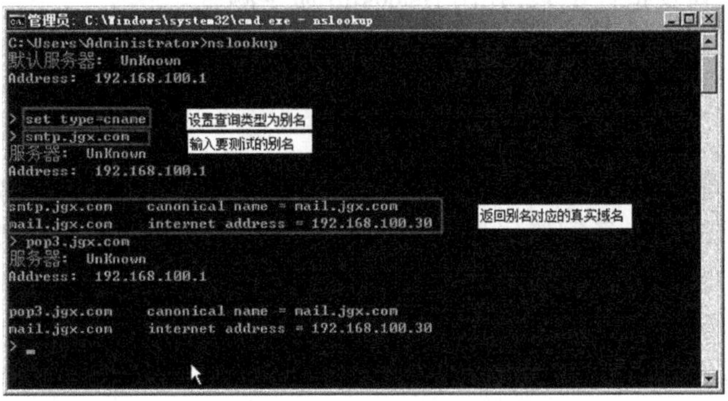

图 4-33　测试别名记录

⑤如图 4-34 所示，测试指针 PTR 资源记录。在 Nslookup 程序提示符“ > ”后先执行“set type = a”然后再输入要查询的 IP 地址，Nslookup 会返回 IP 地址所对应的域名。

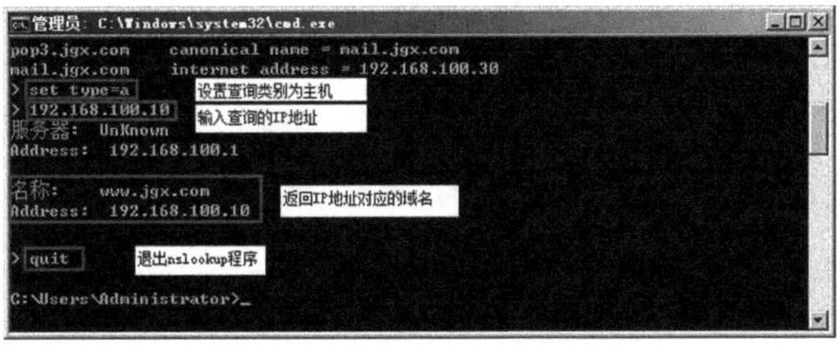

图 4-34　测试指针记录

小提示

- Nslookup 命令默认查询类型为主机地址，因此在查询主机记录或指针记录时，可在 Nslookup 程序提示符“ > ”下直接输入要查询的域名或 IP 地址。若要查询别名记录，应在 Nslookup 程序提示符“ > ”下先执行“set type = cname”命令，然后再输入要查询的别名。若要查询邮件交换记录，则应在 Nslookup 程序提示符“ > ”下先执行“set type = mx”命令，然后再输入要查询的域名。

任务小结

本任务介绍了 DNS 服务器中邮件交换器记录、别名记录、指针记录的创建方法与测试方法。是否需要创建这些资源记录，应根据网络中的实际需求来决定。

【练一练】

配置 DNS 服务器，要求为 IP 地址为 192.168.200.1 的计算机建立相应的主机记录、别名记录、邮件交换记录及指针记录，并用 Nslookup 命令测试。

模块实训

某单位内部搭建了 Web、FTP 及 Mail 服务器，它们的 IP 地址分别为 172.16.1.2，172.16.1.3和 172.16.1.4，子网掩码均为 255.255.255.0。为了方便内网用户的访问，拟将网络中 IP 地址为 172.16.1.1 的计算机配置为 DNS 服务器，帮助内网用户实现以下目标：

①能用域名 www.51xit.com 访问 Web 服务器；

②能用域名 ftp.51xit.com 访问 FTP 服务器；

③能使用 51xit.com 作为内部电子邮件的后缀；

④能根据上述服务器的 IP 地址查询其域名。

配置完毕后，使用 Nslookup 命令来测试 DNS 服务器的配置能否达到上述要求。

模块五

配置与管理因特网信息服务器

王明所在公司因工作需要欲在单位内部建立两个网站和一个 FTP 站点，利用网站为员工提供网页浏览服务，利用 FTP 站点为员工提供文件上传和下载服务。同时为了方便员工的使用，还要求这两个网站和 FTP 站点能用域名访问来访问。王明该如何来完成上述任务呢？

学完本模块后，你将能够：

- 安装 IIS；
- 发布单个 Web 站点；
- 发布多个 Web 站点；
- 发布 FTP 站点；
- 配置站点能用域名访问。

任务一　安装 IIS

IIS(Internet Information Services,互联网信息服务)是微软公司主推的服务器软件,集成在 Windows NT Server 操作系统中。IIS 是一种 Web 服务组件,利用它在网络上发布信息成为一件很容易的事。

任务描述

本任务将在一台运行 Windows Server 2008 R2 的计算机上安装 IIS,为在其上建立网站和 FTP 站点作准备。

任务分析

为完成本模块的任务,将用到两台运行 Windows Server 2008 R2 操作系统的虚拟机,其中一台配置为 DNS 服务器,另一台配置为 Web/FTP 服务器。另外,网络中还增加一台 Win7 虚拟机用于测试,网络拓扑如图 5-1 所示。

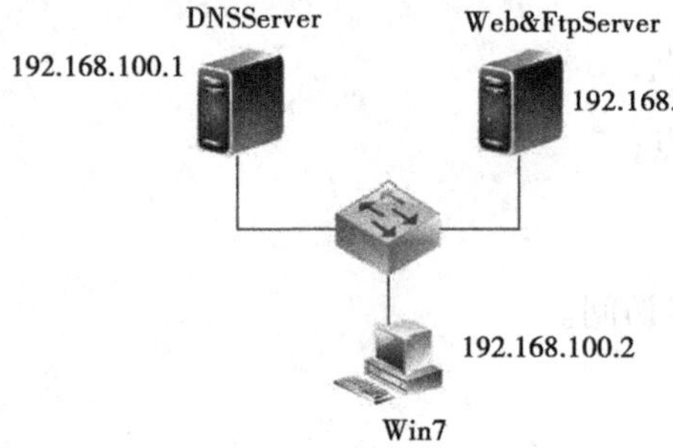

图 5-1　网络拓扑图

在 Web&FtpServer 上安装 IIS,可以利用“服务器管理器”中的“添加角色”向导来完成。

1. 准备工作

①克隆 2008 R2 虚拟机,生成新的虚拟机 Web&FtpServer。

②将 Web&FtpServer 虚拟机的计算机名称更改为 WebServer。

③将 2008 R2 虚拟机名称更改为 DNSServer。

2. 在 Web&FtpServer 上安装 IIS

①启动 Web&FtpServer,以管理员身份登录。

②执行“开始”→“管理工具”→“服务器管理器”命令,打开“服务器管理器”窗口,单击

其中的“添加角色”链接。

③如图 5-2 所示，在“选择服务器角色”对话框中选择“Web 服务器(IIS)”复选框，单击“下一步”按钮。

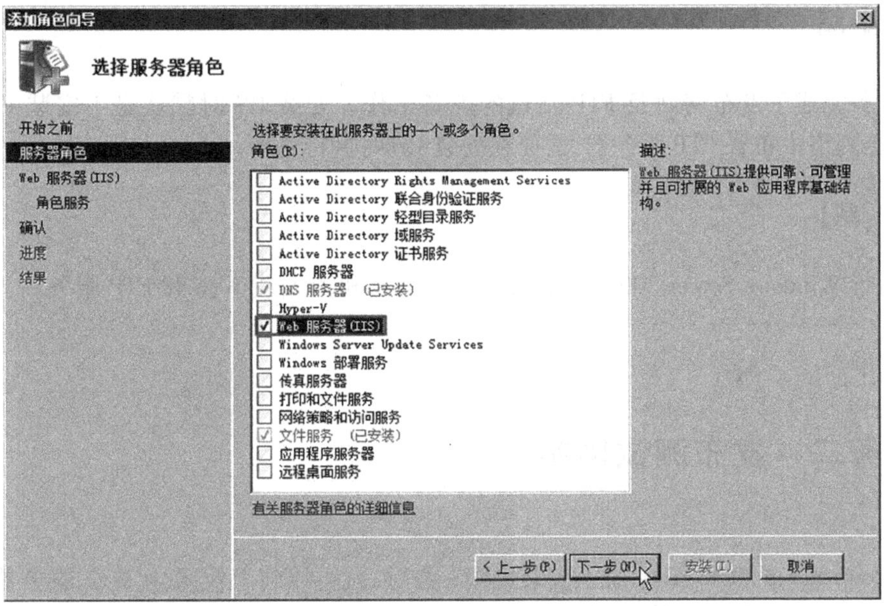

图 5-2　选择服务器角色

④在弹出的“Web 服务器(IIS)简介”对话框中单击“下一步”按钮。

⑤如图 5-3 所示，保留默认选择，同时选择“FTP 服务器”复选框，单击“下一步”按钮。

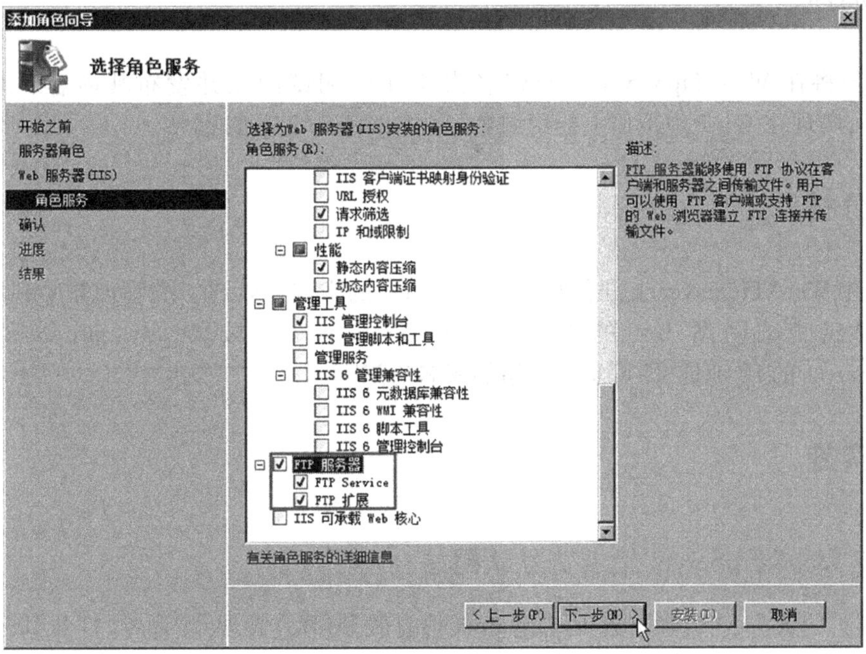

图 5-3　选择角色服务

⑥在弹出的“确认安装选择”对话框中单击“安装”按钮。

⑦在弹出的“安装结果”对话框中单击“关闭”按钮,完成 IIS 的安装。

任务小结

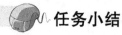

本任务完成了发布网站及 FTP 站点的准备工作。安装 IIS 时默认是不安装 FTP 服务的,若要在网络中布署 FTP 服务器,需要在安装 IIS 时进行选择。

【练一练】

在运行 Windows Server 2008 R2 操作系统的计算机上安装 Web 和 FTP 服务。

任务二　发布测试网站

Windows Sever 2008 R2 系统上安装完 IIS 之后,就可以将其配置为 Web 服务器了。如果要发布自己的网站,可以将已经创建好的网站内容复制到该计算机上,然后利用 IIS 管理控制台来发布即可。

任务描述

本任务将在 Web&FtpServer 上新建名为 Test 的测试网站并发布其内容。通过配置 DNSServer,实现在 Win7 虚拟机上能用域名 www. jgx. com 访问该网站。

任务分析

首先在 Web&FtpServer 上准备好测试网站 Test 的内容,然后在 IIS 管理器中利用新建网站向导完成测试网站 Test 的添加。配置 DNSServer,将域名 www. jgx. com 映射到 Web&FtpServer 的 IP 地址,即可实现网站的域名访问。

任务实施

1. 在 Web&FtpServer 上浏览默认网站

①执行“开始”→“管理工具”→“Internet 信息服务(IIS)管理器”命令,打开 IIS 管理器。

②如图 5-4 所示,选中控制台树“网站”节点下的“Default Web Site”(默认网站),单击右侧操作栏的“浏览 * :80(http)”链接。

图 5-4　浏览默认网站

③如图 5-5 所示，打开默认网站主页，IE 地址栏中自动填入网址“http://localhost/”。

图 5-5　打开默认网站主页

2. 新建测试网站 Test

①如图 5-6 所示，在 F 盘建立文件夹 test，将测试网站的默认文档 test. html 保存到其中。

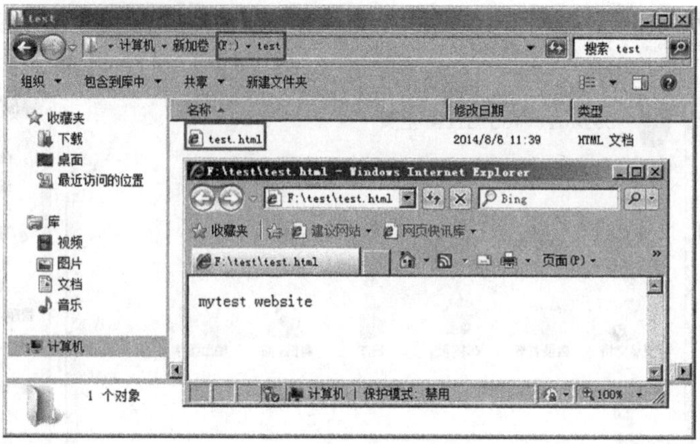

图 5-6　准备测试网站内容

②如图 5-7 所示,打开 IIS 管理控制台,右击“网站”节点,选择“添加网站”命令。

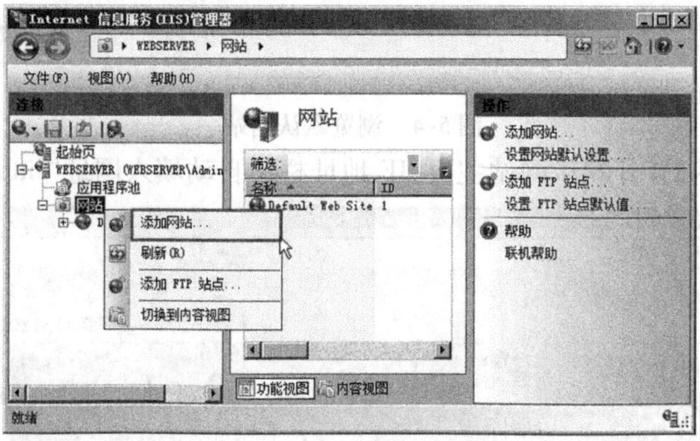

图 5-7　添加网站

③如图 5-8 所示,在“添加网站”对话框中键入网站名称和物理路径,选择网站绑定的 IP 地址,单击“确定”按钮。

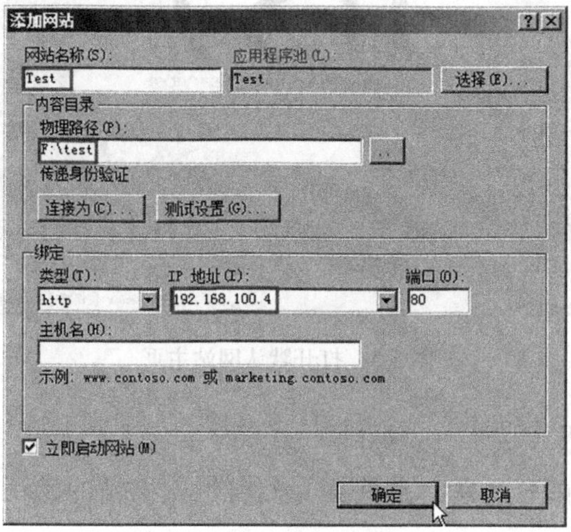

图 5-8　键入网站信息

④选中新建网站 Test，单击操作栏的“浏览 192.168.100.4:80(http)”链接。

⑤如图 5-9 所示，访问网站 Test 出错。未能显示网站默认文档内容，最可能的原因是没有为网站配置默认文档。

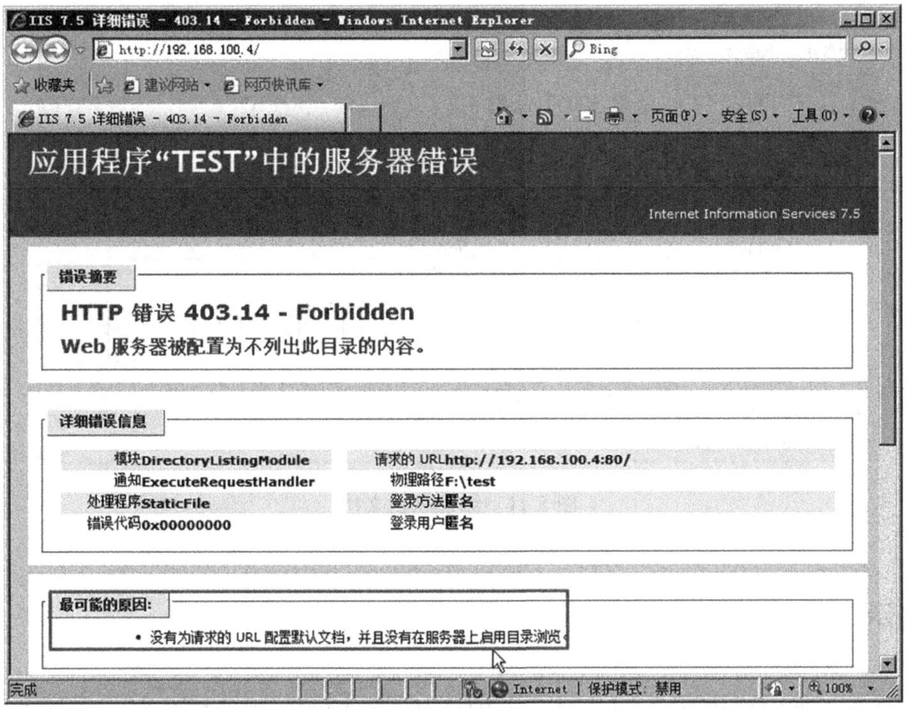

图 5-9　浏览测试网站出错

⑥如图 5-10 所示，选中网站 Test，双击功能区的“默认文档”图标。

图 5-10　管理默认文档

⑦如图 5-11 所示，单击操作栏的“添加”链接，在弹出的“添加默认文档”对话框中输入网站的默认文档文件名 test. html，单击“确定”按钮。

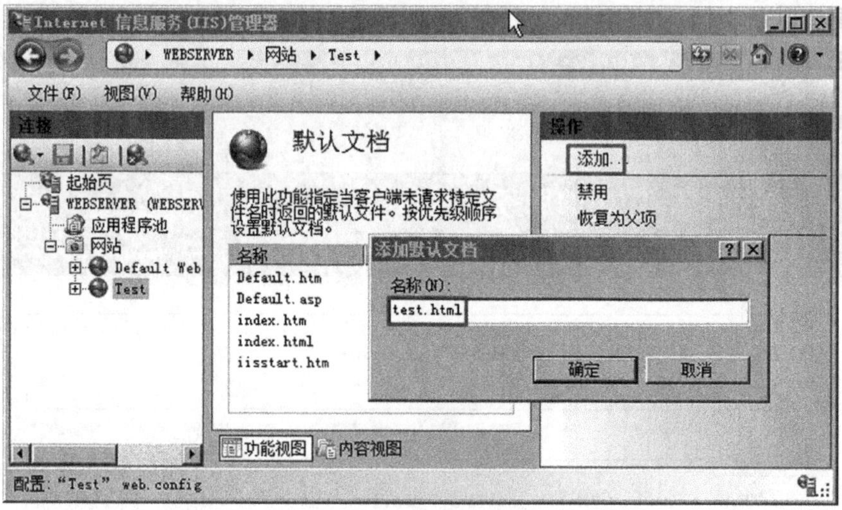

图 5-11　添加默认文档

小提示

- 默认文档即网站的主页文件，是一个网站的入口网页。大多数作为主页的文件名是 Index、Default 或 Main 加上扩展名。

⑧如图 5-12 所示，在 IE 地址栏中输入“http://192. 168. 100. 4”，能显示网站 Test 的内容，表明测试网站发布成功。

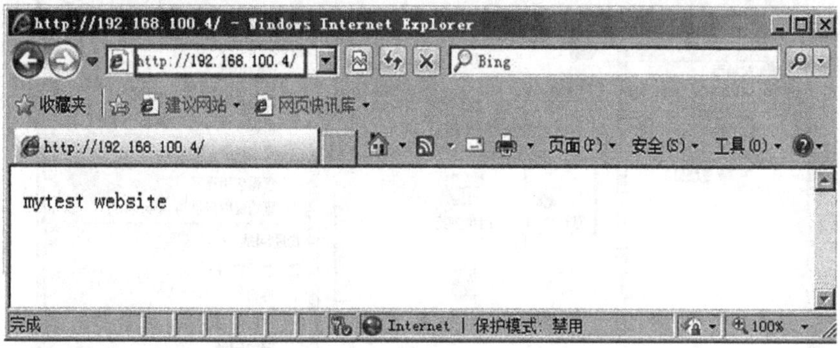

图 5-12　测试网站发布成功

3. 在 DNSServer 上新建主机记录

①启动 DNSServer，打开 DNS 控制台。

②如图 5-13 所示，首先建立名为 jgx. com 的正向查找区域，然后在该区域中新建主机记

录,实现域名 www. jgx. com 到 IP 地址 192. 168. 100. 4 的映射。

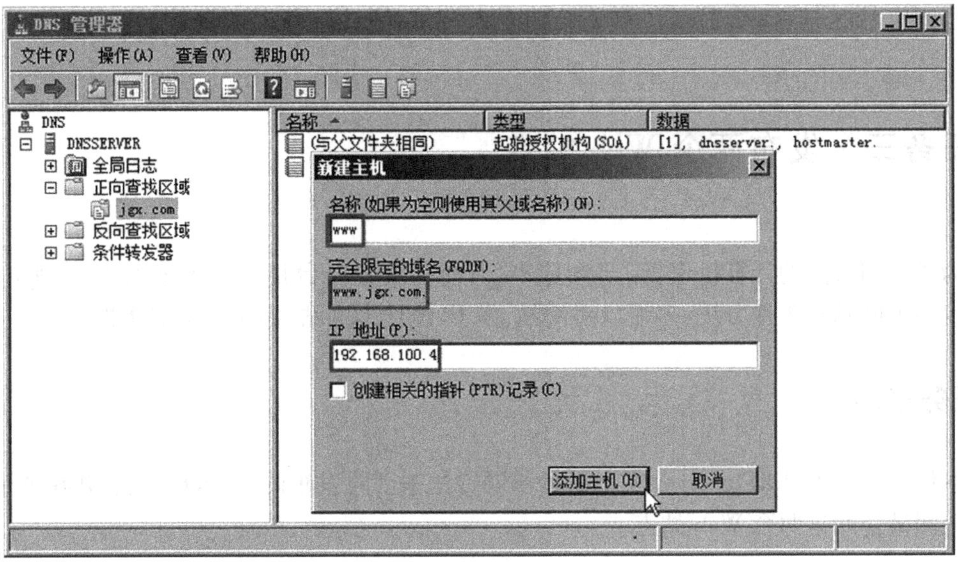

图 5-13　新建主机记录

4. 在 Win7 上用域名访问测试网站

①修改 DNS 客户端,将首选 DNS 服务器地址设置为 DNSServer 的 IP 地址 192. 168. 100. 1。

②如图 5-14 所示,在 IE 地址栏中输入"http://www. jgx. com"能显示测试网站 Test 的内容。

图 5-14　用域名访问测试网站

任务小结

本任务通过新建一个测试网站,介绍了利用 IIS 发布简单网站的方法。发布网站时要特别注意指定好网站的默认文档,否则可能导致网站无法访问。结合 DNS 服务器,可实现网站的域名访问。

【练一练】

1. 在 IIS 中发布自己的网站,网站名称"张三",网站主目录为"c:\zhangsan",主页中显示"这是张三的测试网站"字样。

2. 配置 DNS 服务器,实现上述网站能用域名 www. zhangsan. com 访问。

任务三　发布两个 Web 站点

为了利用有限的计算机资源,节约成本,有时需要在一台计算机上发布多个网站。IIS 上配置多个网站有 3 种方法:多端口多网站,多 IP 地址多网站,多主机头名多网站。

任务描述

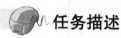

本任务将在 Web&FtpServer 上以 3 种不同方法来同时发布两个 Web 站点,并在 Win7 客户机上测试访问这两个 Web 站点。

【相关知识】

> 一个 IIS 服务器上可以架设多个 Web 站点,IIS 服务器通过网站标识来区分不同的 Web 站点。每个 Web 站点都具有唯一的、由 3 个部分组成的网站标识,用来接收和响应请求。这 3 个部分是:
>
> ①IP 地址;
>
> ②TCP 端口;
>
> ③主机头名。

任务分析

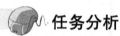

要同时发布两个网站,可以先利用添加网站向导新建两个网站,并分别命名为 first 和 second;然后通过设置网站属性分别为这两个网站绑定不同的 IP 地址、不同的 TCP 端口及不同的主机头名来实现它们的同时发布。

任务实施

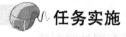

1. 在 Web&FtpServer 上准备好网站内容

①如图 5-15 所示,在 F 盘上新建文件夹 first,将网站 first 的默认文档 first. htm 放入其中。

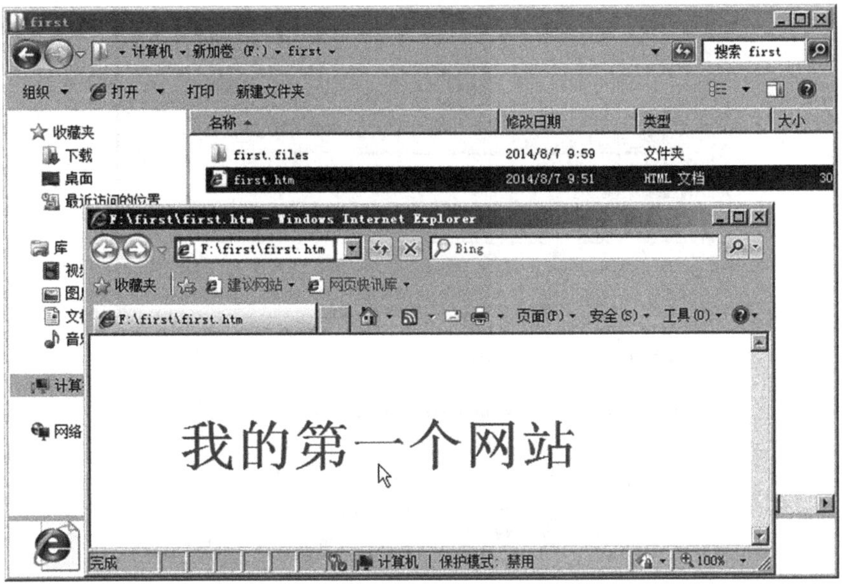

图 5-15　准备网站 first 的内容

②如图 5-16 所示，在 F 盘上新建文件夹 second，将网站 second 的默认文档 second. htm 放入其中。

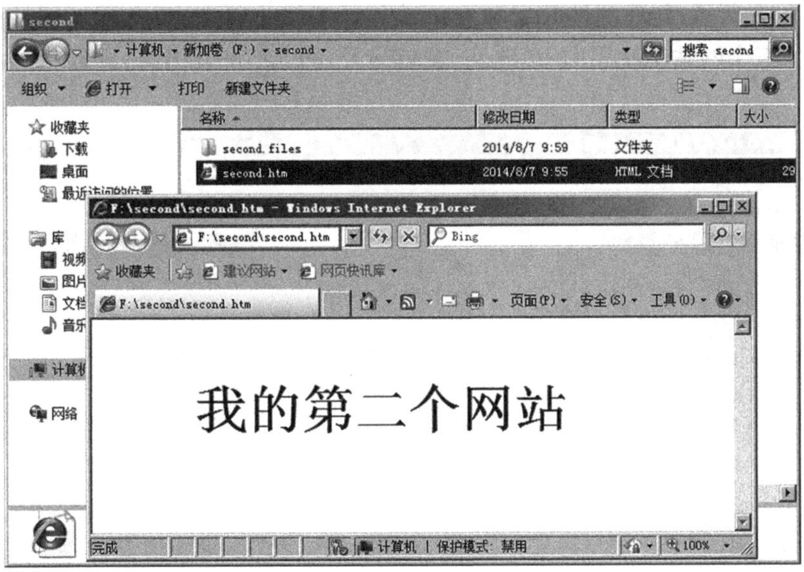

图 5-16　准备网站 second 的内容

2. 新建网站 first 和 second

①执行“开始”→“管理工具”→“Internet 信息服务(IIS)管理器”命令，打开 IIS 管理控制台。

②如图 5-17 所示，新建网站 first，指定网站物理路径为“F:\first”，绑定选项保持默认。

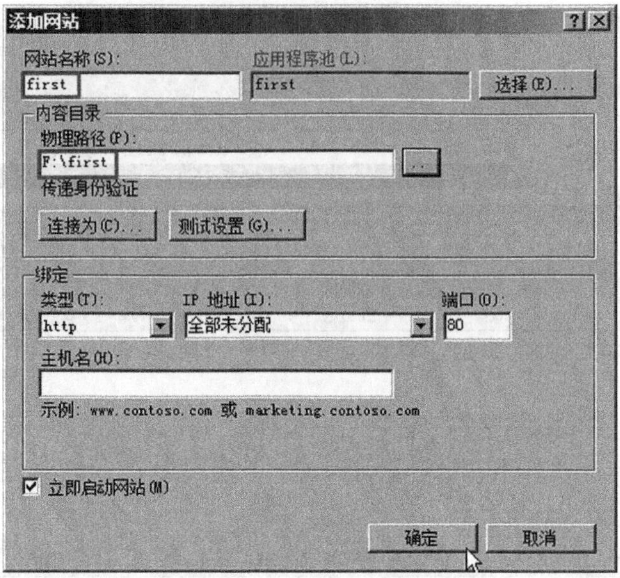

图 5-17　输入网站 first 信息

③用同样的方法新建网站 second，指定网站物理路径为“F:\second”，绑定选项保持默认。

④如图 5-18 所示，新建网站 first 和 second 均处于停止状态，只有默认网站处于启动状态。这是因为三个网站所使用的 IP 地址、端口号及主机名完全相同，导致只能启动其中一个网站。

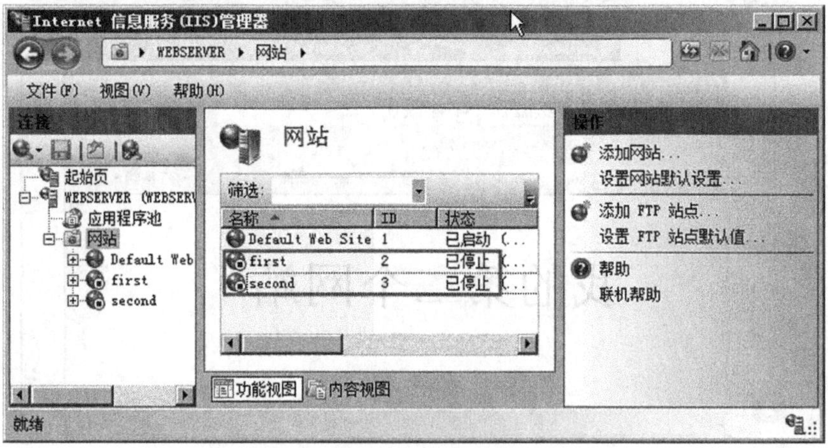

图 5-18　新建网站处于停止状态

⑤为网站 first 和 second 分别添加各自的默认文档 first.htm 和 second.htm。

3. 利用多 IP 发布多网站

网站 first 和 second 使用的参数见表 5-1。

表 5-1　网站主要参数(不同 IP 地址)

参数 网站名	主机头名	IP 地址	TCP 端口号	主目录路径	默认文档
first	无	192.168.100.4	80	F:\fisrt	first.htm
second	无	192.168.100.5	80	F:\second	second.htm

①如图 5-19 所示,打开 Web&FtpServer 的“TCP/IPv4 属性”对话框,单击“高级”按钮。

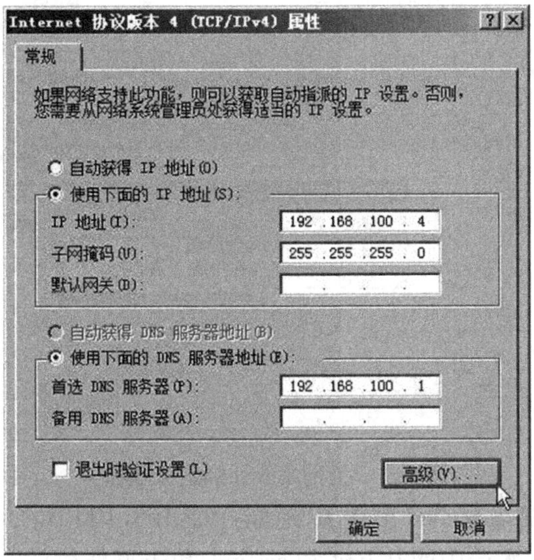

图 5-19　高级 TCP/IP 属性

②如图 5-20 所示,通过“添加”按钮为本地连接绑定另一个 IP 地址:192.168.100.5。

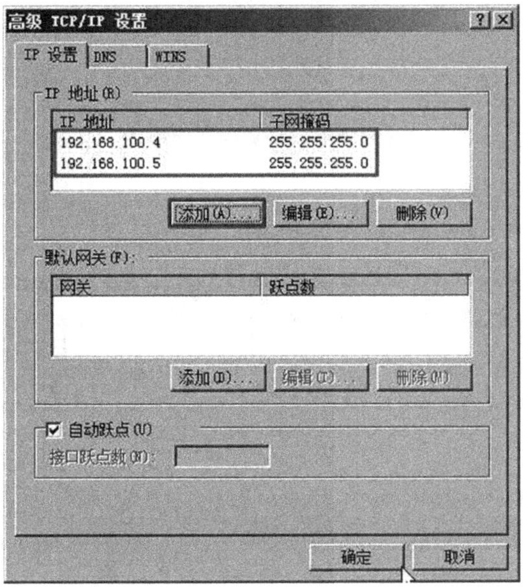

图 5-20　为网卡绑定另一个 IP 地址

③如图 5-21 所示，选中网站 first，单击操作栏的“绑定”链接，在弹出的“网站绑定”对话框中单击“编辑”按钮，在打开的“编辑网站绑定”对话框中选择网站绑定的 IP 地址：192.168.100.4。

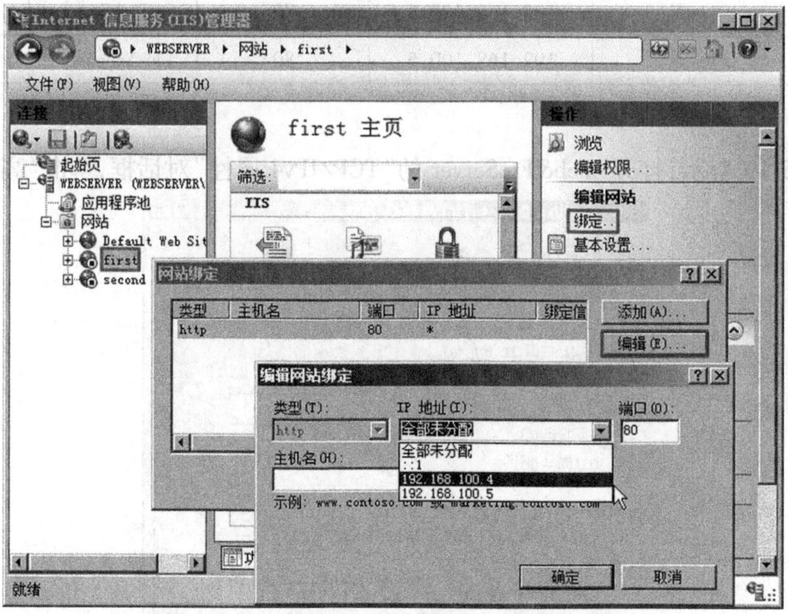

图 5-21　为网站 first 绑定 IP 地址

④用同样的方法为网站 second 绑定 IP 地址：192.168.100.5。

⑤如图 5-22 所示，依次选中网站 first 和 second，单击操作栏的“启动”链接，完成网站的启动。

图 5-22　启动网站

⑥如图 5-23 所示，在 IE 地址栏中输入“http://192.168.100.4”可以访问网站 first，输入“http://192.168.100.5”可以访问网站 second。

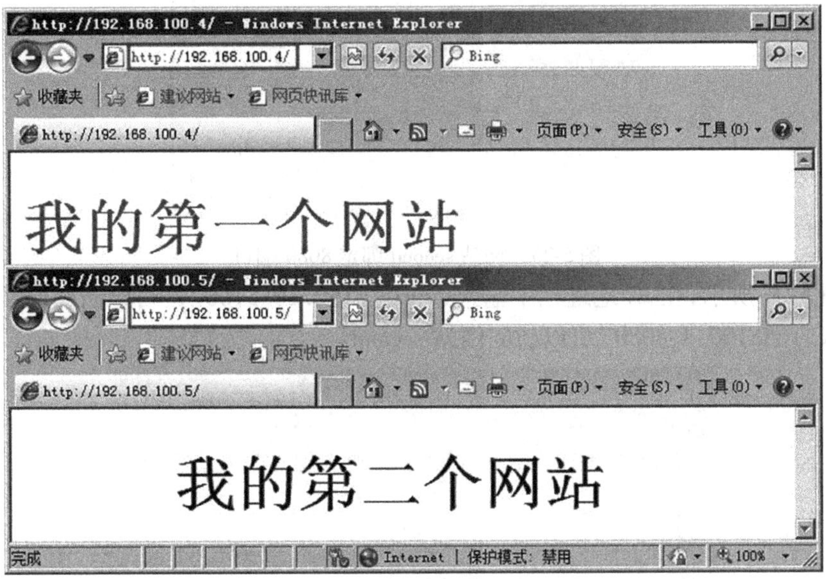

图 5-23　测试多 IP 发布的两个网站

4. 利用多端口发布多网站

网站 first 和 second 使用的参数见表 5-2。

表 5-2　网站主要参数(不同 TCP 端口)

参　数 / 网站名	主机头名	IP 地址	TCP 端口号	主目录路径	默认文档
first	无	192.168.100.4	80	F:\fisrt	first.htm
second	无	192.168.100.4	8080	F:\second	second.htm

①停止默认网站。

②如图 5-24 所示，为网站 first 绑定 IP 地址：192.168.100.4，端口为“80”。

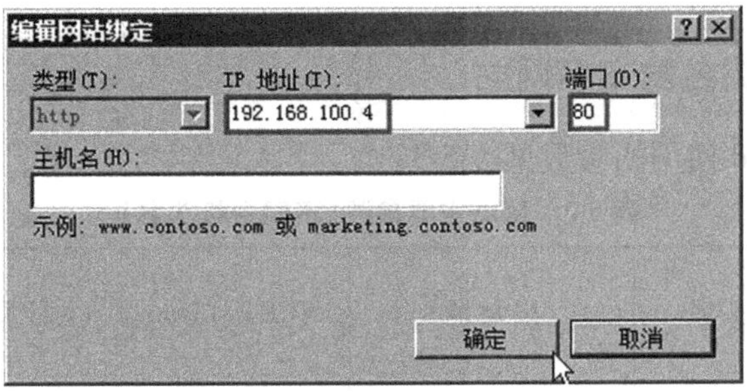

图 5-24　网站 first 绑定 80 端口

③如图 5-25 所示，为网站 second 绑定 IP 地址：192.168.100.4，端口为"8080"。

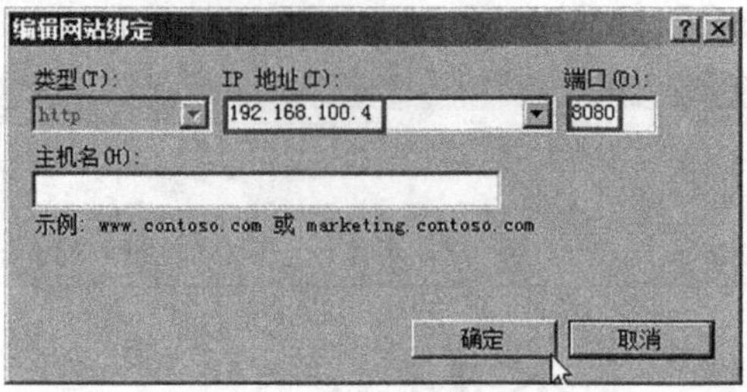

图 5-25　网站 second 绑定 8080 端口

④如图 5-26 所示，在 IE 地址栏中输入"http://192.168.100.4"可以访问网站 first，输入"http://192.168.100.4:8080"可以访问网站 second。

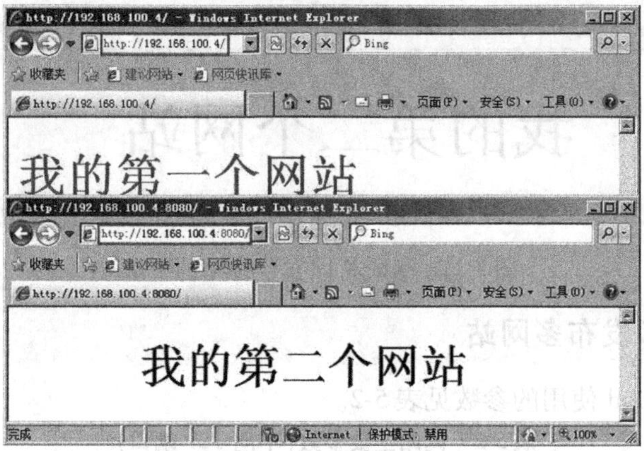

图 5-26　测试多端口发布的两个网站

小提示

- Web 服务器默认的端口是 80 端口，因此访问 Web 服务器时就可以省略默认端口；如果设置的端口不是 80，比如是 8080，那么访问 Web 服务器就需要使用"http://192.168.100.4:8080"来访问。

5. 利用多主机头名发布多网站

网站 first 和 second 使用的参数见表 5-3。

表 5-3　网站主要参数(不同主机头名)

参数 / 网站名	主机头名	IP 地址	TCP 端口号	主目录路径	默认文档
first	first.jgx.com	192.168.100.4	80	F:\fisrt	first.htm
second	second.jgx.com	192.168.100.4	80	F:\second	second.htm

①如图 5-27 所示，在 DNSServer 上创建名为 jgx. com 的区域，在该区域中创建对应到 Web&FtpServer IP 地址 192.168.100.4 的主机记录及别名记录。

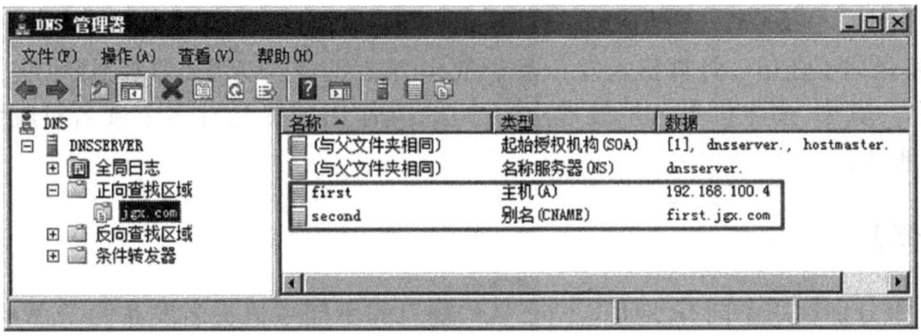

图 5-27　为 Web 服务器建立 DNS 映射

②如图 5-28 所示，为网站 first 绑定 IP 地址：192. 168. 100. 4，端口为“80”，主机头名为“first. jgx. com”。

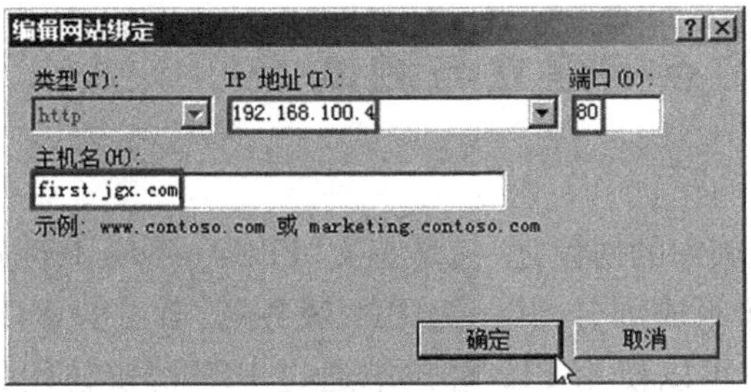

图 5-28　绑定主机名

③同样，为网站 second 绑定 IP 地址：192. 168. 100. 4，端口为“80”，主机头名为“second. jgx. com”。

④将 Win7 虚拟机的首选 DNS 服务器地址设置为 192. 168. 100. 1。

⑤如图 5-29 所示，在 Win7 虚拟机的 IE 地址栏中输入“http://first. jgx. com”访问网站 first，输入“http://second. jgx. com”访问网站 second。

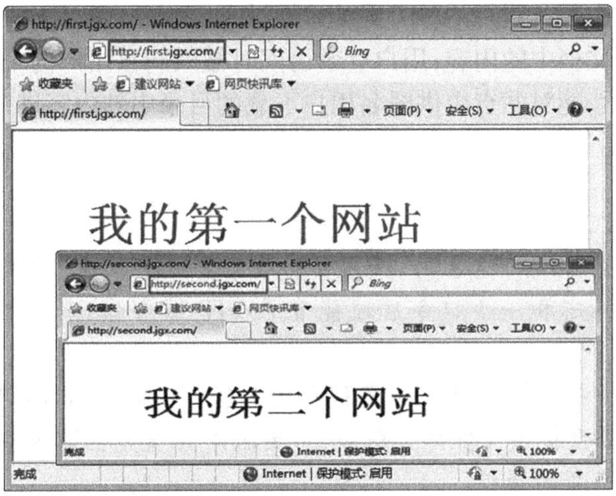

图 5-29　测试多主机头名发布的两个网站

任务小结

本任务介绍了在单一计算机上发布多个 Web 站点的 3 种方法,即多 IP 地址、多端口和多主机头名。其中,多主机头名是最常用的方法,其使用前提是有多个域名对应到 Web 服务器的 IP 地址。

【练一练】

在 IIS 中分别利用不同 IP 地址、不同 TCP 端口和不同主机头名发布两个 Web 站点,并进行测试。

任务四　FTP 站点的建立与测试

FTP 是 TCP/IP 协议族中的协议之一,是英文"File Transfer Protocol"的缩写,即文件传输协议。FTP 协议包括两个组成部分,其一为 FTP 服务器,其二为 FTP 客户端。其中,FTP 服务器用来存储文件,用户可以使用 FTP 客户端通过 FTP 协议访问位于 FTP 服务器上的资源。FTP 客户端从 FTP 服务器拷贝文件至本地计算机,称为"下载",将文件从本地计算机拷贝至 FTP 服务器则称为"上传"。

任务描述

本任务将建立一个隔离用户的 FTP 站点。要求该站点实现以下功能:用户匿名访问时能下载服务器上公共文档中的内容;用户登录访问时被限制在用户的个人目录中,能进行读写操作;管理员登录后,能对站点中供匿名用户下载的目录中的内容进行维护。

【相关知识】

> 要连上 FTP 服务器(即"登录"),必须要有该 FTP 服务器授权的账号。也就是说,只有在有了一个用户标志和一个口令后才能登录 FTP 服务器,享受 FTP 服务器提供的服务。
>
> 互联网中有很大一部分 FTP 服务器被称为"匿名"(Anonymous)FTP 服务器。这类服务器的目的是向公众提供文件拷贝服务,不要求用户事先在该服务器进行登记注册,也不用取得 FTP 服务器的授权。

任务分析

要建立隔离用户的 FTP 站点，应建立特殊的目录结构。目录结构建立好后，可以利用新建 FTP 站点向导来建立 FTP 站点。由于此 FTP 站点既要求匿名访问，又允许授权访问，所以在选择身份验证方法时要同时选中“匿名”和“基本”项。新建的站点默认是不隔离用户的，要使站点能隔离用户，需要设置站点使用隔离用户功能。为使每个授权用户登录后能对个人目录进行读写，需要在 IIS 中对站点中的用户个人目录进行单独授权以允许写入。

任务实施

1. 建立用户及目录结构

①在 Web&FtpServer 上新建用户 Ma，将系统管理员账户 Administrator 重命名为 Admin。

②如图 5-30 所示，在 F 盘根目录下建立名为 ftproot 的文件夹作为 FTP 站点的根目录，在 ftproot 目录下建立名为 localuser 的文件夹，在 localuser 文件夹下分别建立名为 admin、ma 及 public 的子文件夹，并在这些子文件夹中建立与文件夹同名的文本文件。

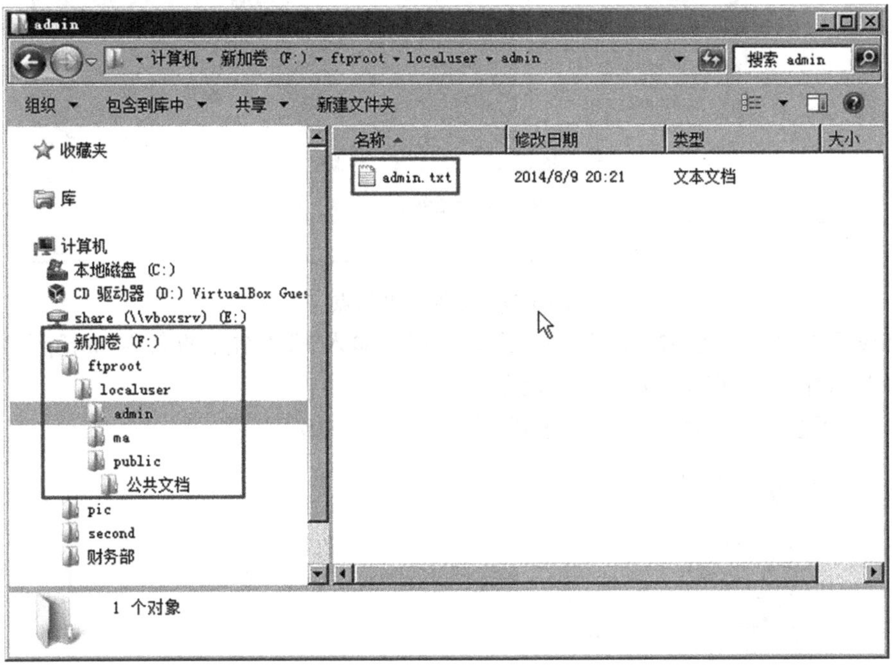

图 5-30　建立目录结构

小提示

- 在工作组环境中,要实现 FTP 站点的用户隔离,必须在 FTP 站点根目录下建立名为"localuser"的目录,然后在"localuser"目录中建立以用户名为文件夹名的子文件夹作为用户个人文件夹。如果站点允许匿名访问,还需在"localuser"目录下创建一个名为"public"的子目录,该目录将是匿名用户的主目录。

2. 新建 FTP 站点 myftp

①如图 5-31 所示,打开 IIS 管理器,右击"网站"节点,选择"添加 FTP 站点"命令。

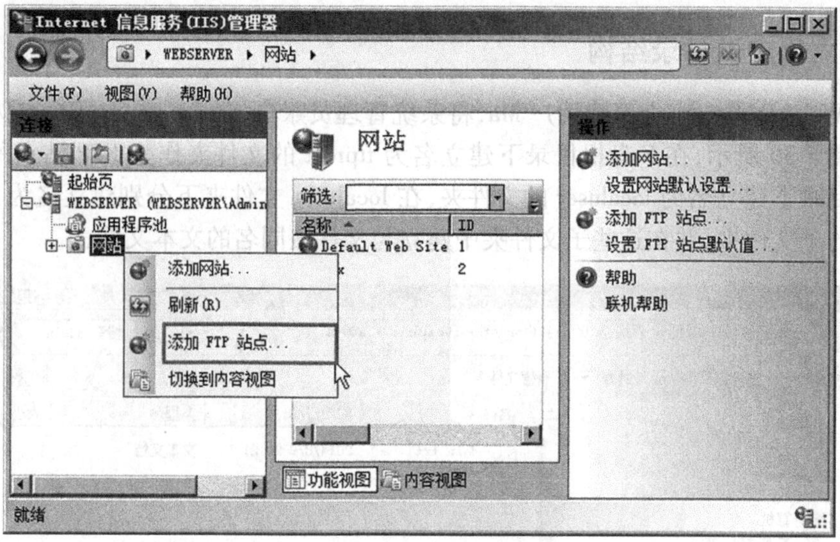

图 5-31　添加 FTP 站点

②如图 5-32 所示,在"添加 FTP 站点"对话框中输入 FTP 站点的名称"myftp"及根目录物理路径"f:\ftproot",单击"下一步"按钮。

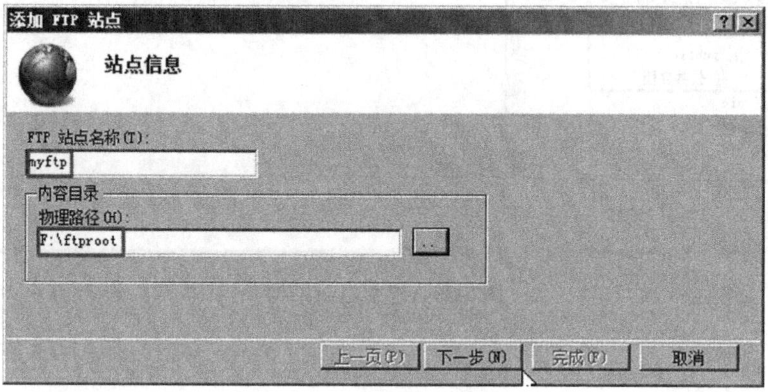

图 5-32　输入站点信息

③如图 5-33 所示，选择站点绑定的 IP 地址为：192.168.100.4，端口保持默认的"21"，SSL 选中为"无"，单击"下一步"按钮。

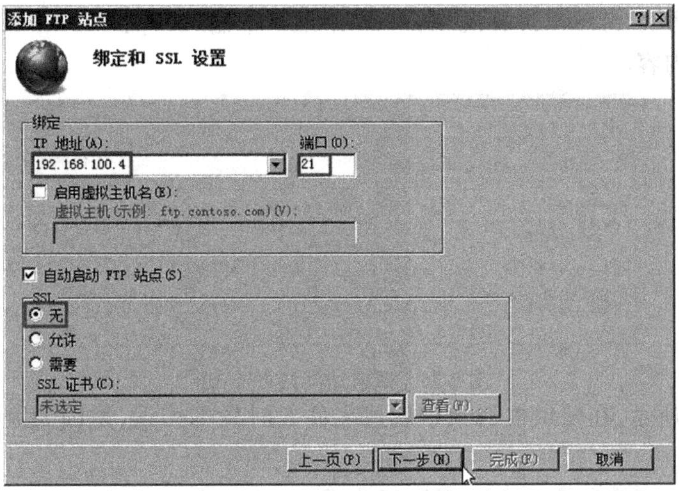

图 5-33　选择站点绑定

④如图 5-34 所示，身份验证栏的"匿名"和"基本"项同时选上，授权选择为"所有用户"，权限选择为"读取"，单击"完成"按钮。

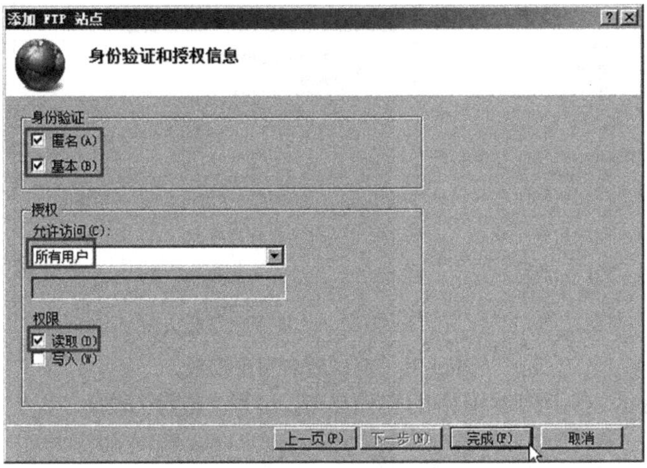

图 5-34　选择身份验证和授权

小提示

- 匿名身份验证允许任何用户访问任何公共内容，而不要求提供用户名和密码。默认情况下，匿名身份验证处于启用状态。
- 基本身份验证要求用户提供有效的用户名和密码才能访问内容。

3. 测试新建 FTP 站点 myftp

①如图 5-35 所示，打开“计算机”窗口，在地址栏中输入“ftp://192.168.100.4”，将显示站点根目录中的内容。

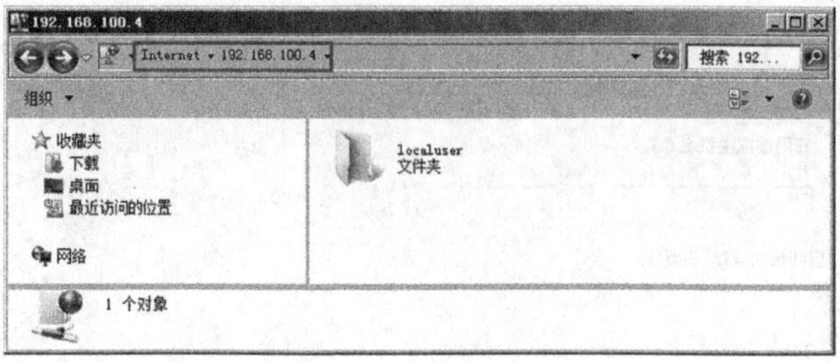

图 5-35　匿名访问站点 myftp

②如图 5-36 所示，在站点根目录中新建文件夹时发生错误，是因为匿名用户对站点只有“读取”权限。

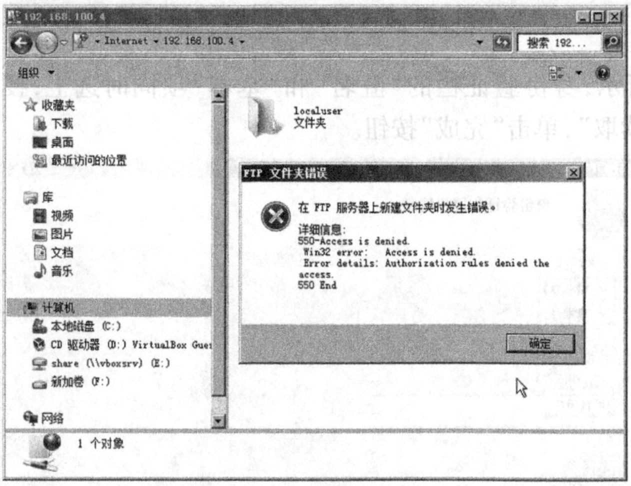

图 5-36　测试匿名用户权限

③如图 5-37 所示，右击内容窗格的空白区域，选择“登录”命令。

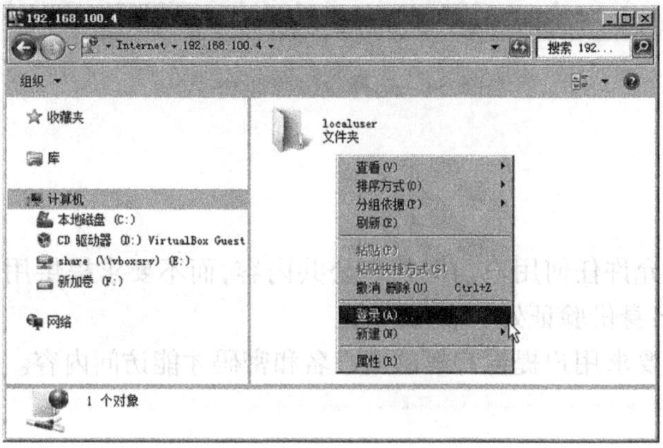

图 5-37　登录 FTP 站点

④如图 5-38 所示，输入登录用户名和密码，单击“登录”按钮。

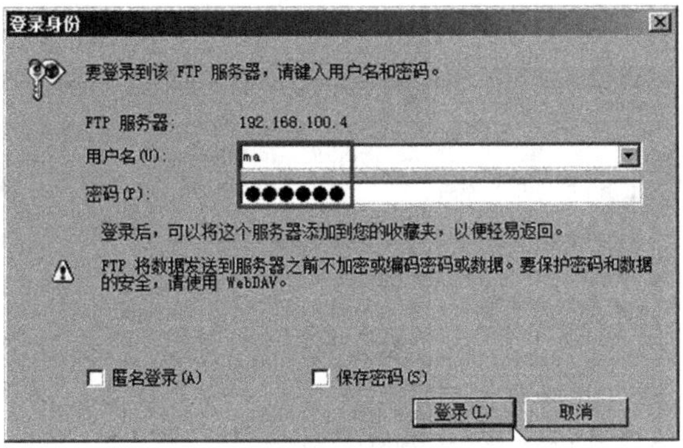

图 5-38　输入登录用户名和密码

小提示

- 要以用户 ma 访问 FTP 站点，可以直接在地址栏中输入“ftp://ma:1234a! @192.168.100.4”，其中“ma”为用户名，“1234a!”为密码，“192.168.100.4”为 FTP 服务器的 IP 地址。

⑤用户 ma 登录后仍然进入的是 FTP 站点的根目录，表明该站点目前为“不隔离用户”的 FTP 站点。

4. 配置 FTP 站点 myftp 隔离用户

①如图 5-39 所示，在 IIS 控制台树中选中“myftp”站点，双击功能区的“FTP 用户隔离”图标。

图 5-39　配置 FTP 用户隔离

②如图 5-40 所示,选中功能区的"用户名目录(禁用全局虚拟目录)"单选按钮,单击操作栏的"应用"链接。

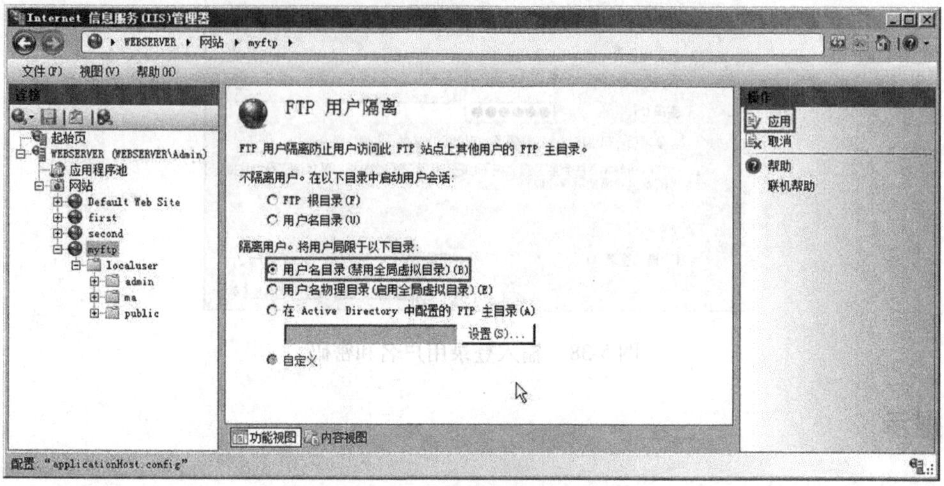

图 5-40 设置站点隔离用户

小提示

- 把用户限制在自己相应的目录中,防止用户查看或覆盖其他用户的内容,这就是 FTP 隔离用户的功能。

③如图 5-41 所示,选中 myftp 站点下的"admin"节点,双击功能区的"FTP 授权规则"图标。

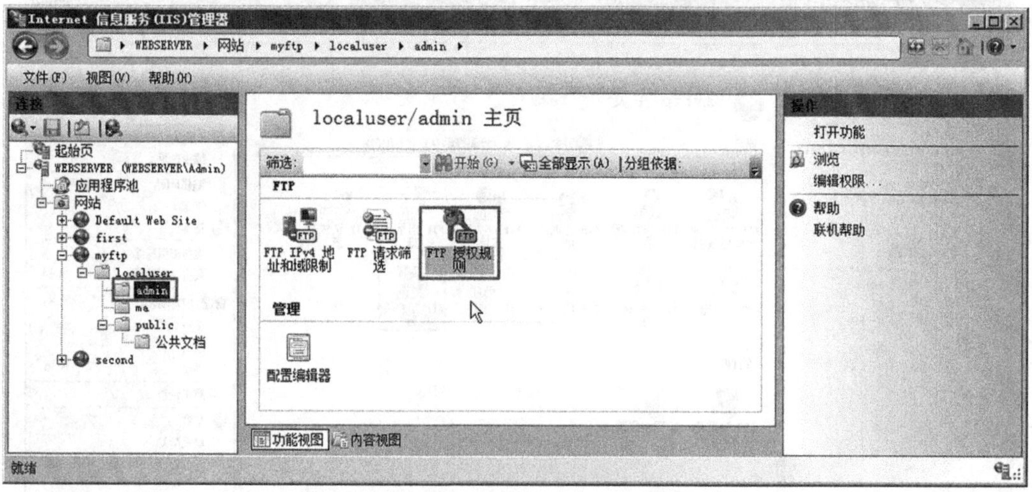

图 5-41 编辑 FTP 授权规划

④如图 5-42 所示,单击操作栏的"添加允许规则"链接,在弹出的"添加允许授权规则"对话框中授予 admin 用户"读取"和"写入"权限。

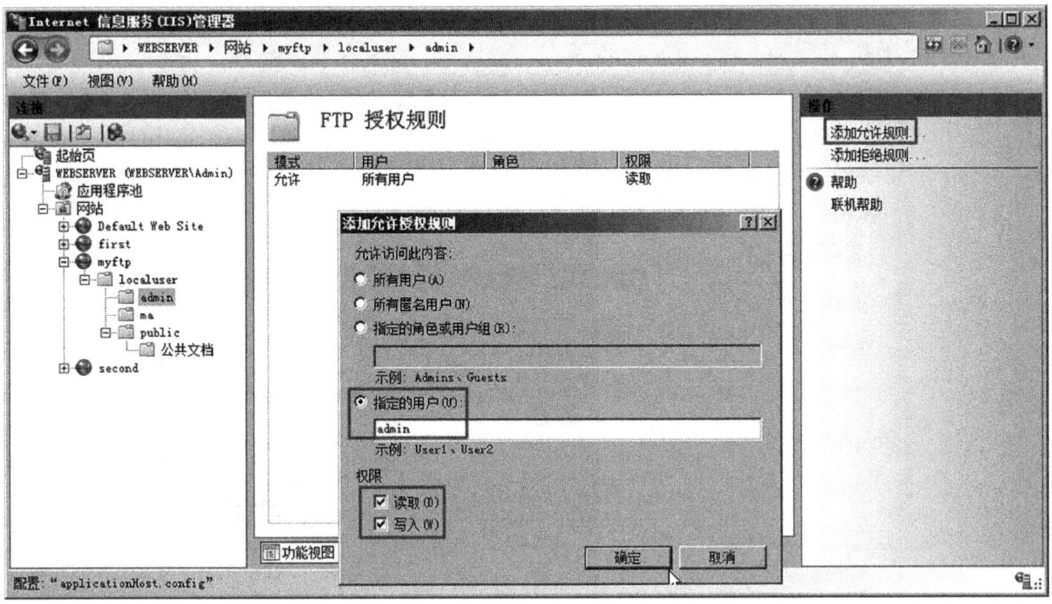

图 5-42　添加允许授权规则

⑤如图 5-43 所示,用同样的方法为用户 ma 的个人文件夹 ma 添加 FTP 授权规则:允许用户 ma 读取和写入。

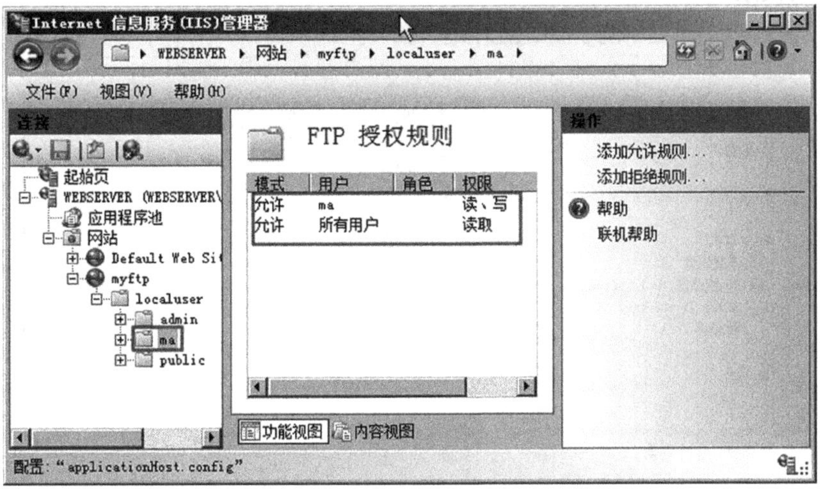

图 5-43　为用户 ma 的个人目录添加写入权限

5. 测试 myftp 站点是否隔离用户

①如图 5-44 所示,匿名访问 myftp 站点时直接进入匿名用户的主目录 public。在其中新建文件夹时发生错误,表明无写入权限。

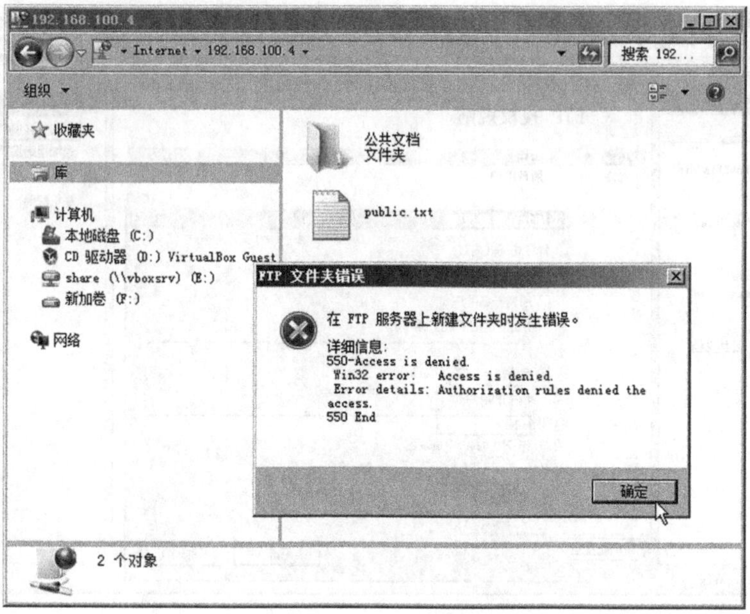

图 5-44　匿名用户登录测试

②如图 5-45 所示，以用户 ma 登录，进入其个人目录。在其中新建文件夹 mawen 成功，表明具有写入权限。

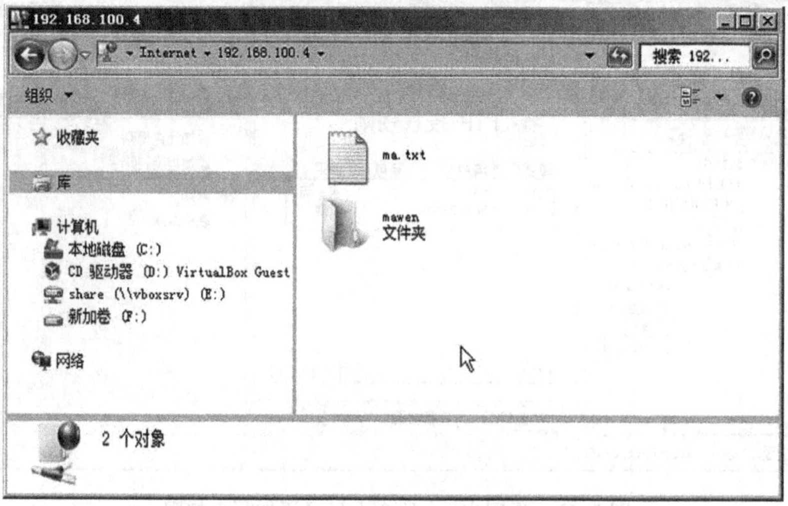

图 5-45　用户 ma 登录测试

6. 创建虚拟目录，为管理 public 目录提供方便

①如图 5-46 所示，右击 myftp 站点下的“admin 节点”，选择“添加虚拟目录”命令。

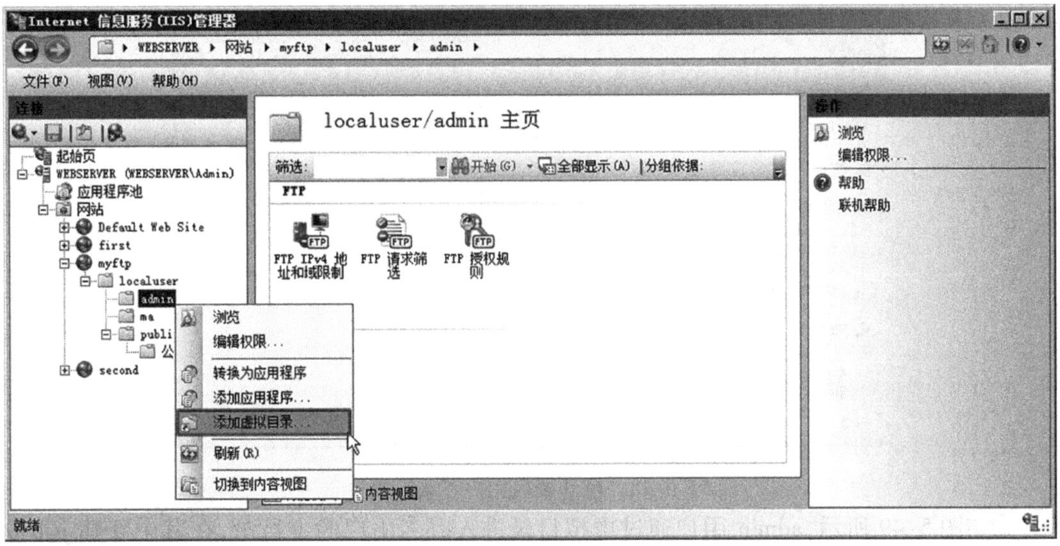

图 5-46　添加虚拟目录

②如图 5-47 所示，在“添加虚拟目录”对话框中输入别名“download”，在“物理路径”文本框中键入匿名用户主目录路径“F:\ftproot\localuser\public”，单击“确定”按钮。

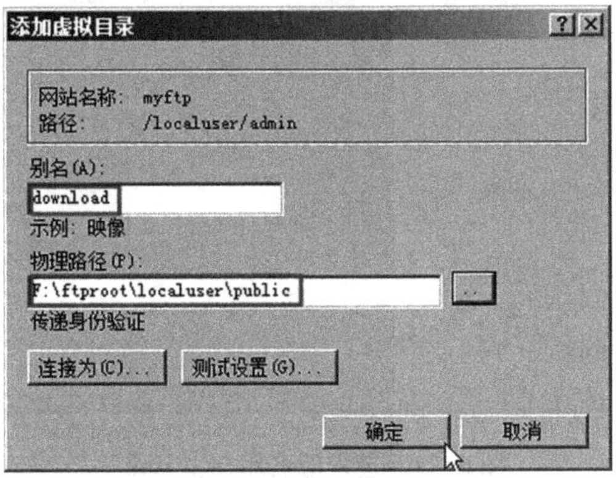

5-47　输入虚拟目录信息

③在 admin 文件夹下新建名为 download 的文件夹。

小提示

- 此处建立与虚拟目录别名同名的文件夹 download，是为了让用户 admin 登录 FTP 站点后能在其个人目录中看到一个指向虚拟目录的链接，便于虚拟目录的访问，否则虚拟目录只能以“ftp://用户名:密码@服务器 IP 地址/虚拟目录别名”的格式访问。

④如图 5-48 所示，以 admin 登录 FTP 站点，进入其个人目录，双击其中的 download 文件夹。

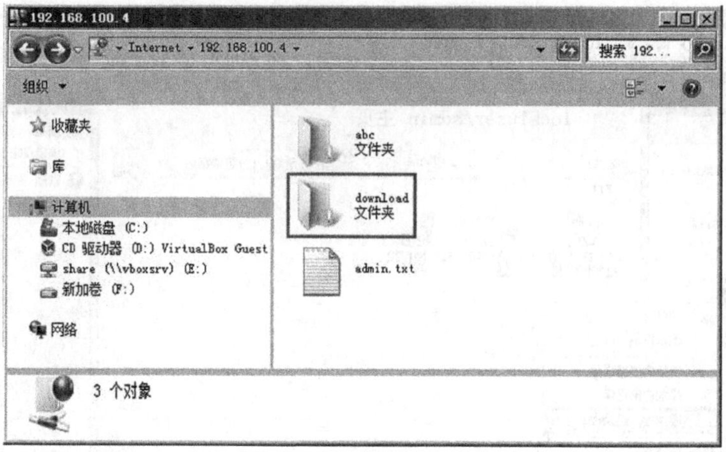

图 5-48　打开匿名用户下载链接

⑤如图 5-49 所示，admin 用户通过虚拟目录进入匿名用户的主目录，在其中新建 jsjb 文件夹成功，表明有写入权限。

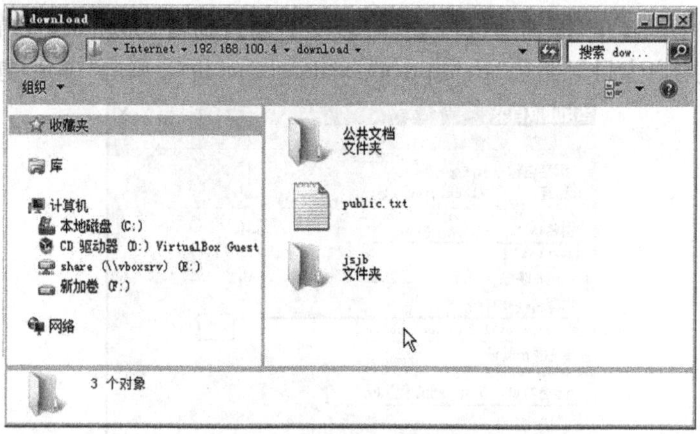

图 5-49　进入匿名用户主目录

7. 实现用域名 ftp. jgx. com 访问 myftp 站点

①如图 5-50 所示，在 DNSServer 上打开 DNS 控制台，新建 jgx. com 区域，在其中建立指向 Web&FtpServer 的主机记录 ftp. jgx. com。

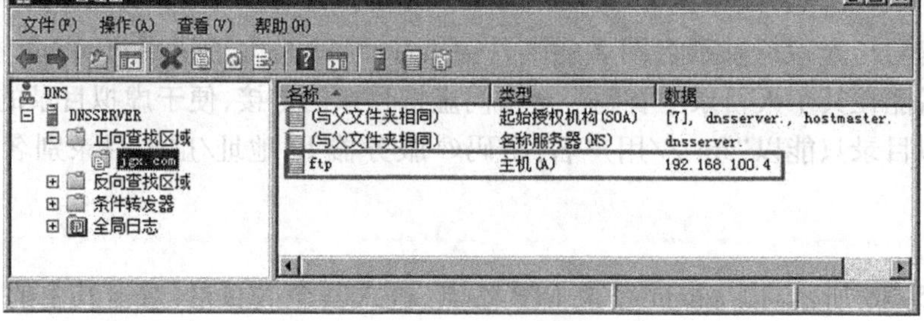

图 5-50　建立指向 FTP 服务器的映射

②在 Win7 计算机上修改 DNS 客户端,将首选 DNS 服务器地址设置为:192.168.100.1。

③如图 5-51 所示,在 Win7 计算机上使用域名“ftp.jgx.com”成功访问站点 myftp。

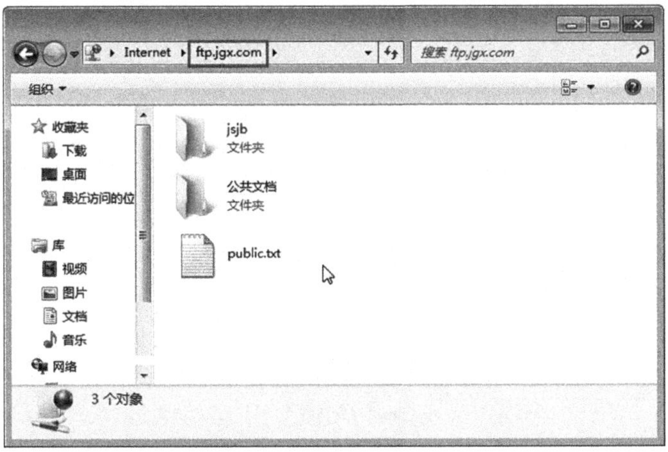

图 5-51　用域名访问 FTP 站点

任务小结

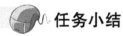

本任务介绍了隔离用户的 FTP 站点的建立方法及测试。通过建立虚拟目录,可以让用户访问位于主目录之外的其他地方的文件夹。

【练一练】

建立隔离用户的 FTP 站点,允许匿名用户登录后能下载,授权用户能进行个人目录的读写。

模块实训

1. 在网络中配置一台 Web 服务器,在其上运行两个 Web 站点。要求第一个网站用域名 www.cqjzy.com 来访问,其主页显示“测试网站一”字样。另一网站用域名 jw.cqjzy.com 来访问,其主页显示“测试网站二”字样。

2. 在网络中配置 FTP 服务器,要求实现以下目标:

①允许匿名访问,匿名访问时只能下载。

②实现用户隔离,登录用户访问时能对个人主目录进行读写操作。

③建立虚拟目录,允许管理员登录后能对整个站点进行维护。

模块六

配置 CA 服务器实现 SSL Web 服务

王明公司有一个 Web 站点，域名为 www.jgx.com。随着业务的发展，公司想将该网站发展成网上交易平台，因此在用户访问时，需要保证用户密码和访问的数据在传输时的安全性。王明该采取什么措施才能实现这些目标？

学完本模块后你将能够：

- 了解证书服务器的作用；
- 安装证书服务器；
- 为 Web 服务器申请和安装证书；
- 下载并安装根证书；
- 在 IE 中添加根证书信任。

任务一　安装证书服务

Windows Server 2008 R2 中集成的 PKI(Public Key Infrastructure,公共密钥基础结构)系统提供了证书服务功能,可以让用户通过 Internet/Extranet/Intranet 安全地交互敏感信息,以确保电子邮件、电子商务交易、文件发送等各类数据的安全性。Windows Server 2008 R2 通过创建一个证书机构 CA(Certification Authority 认证中心)来管理其公钥基础设施 PKI,以提供证书服务。

任务描述

本模块网络拓扑如图 6-1 所示。图中 CAServer 为证书服务器,WebDNSServer 为网络中的 DNS 服务器和 Web 服务器,Win7 为测试计算机。本任务将在 CAServer 上安装证书服务,以便为网络中的 Web 服务器上的网站发放 Web 证书。

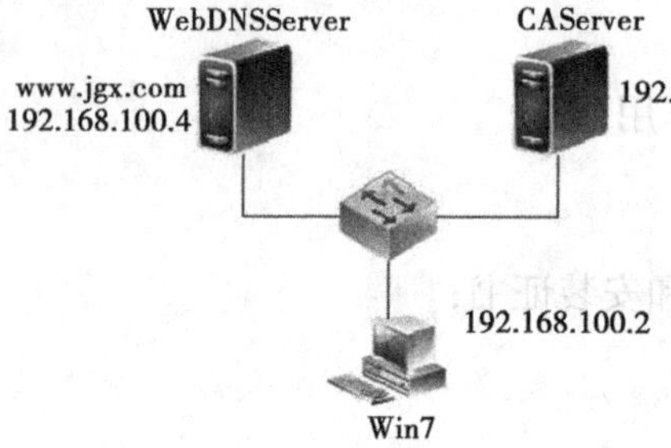

图 6-1　网络拓扑图

【相关知识】

在互联网安全通信方式上,目前用得最多的就是 https 配合 SSL 和数字证书来保证传输和认证安全了。

https:在 http(超文本传输协议)基础上提出的一种安全的 http 协议,因此可以称为安全的超文本传输协议。

SSL(Secure Socket Layer):是 Netscape 公司设计的主要用于 Web 的安全传输协议。

数字证书:一种文件的名称,好比一个机构或人的签名能够证明这个机构或人的真实性。

加密和认证:加密是指通信双方为了防止敏感信息在信道上被第三方窃听而泄漏,将明文通过加密变成密文。如果第三方无法解密的话,就算获得密文也无能为力。认证是指通信双方为了确认对方是值得信任的消息发送或接受方,而不是使用假身份的骗子,采取确认身份的方式。只有同时进行了加密和认证才能保证通信的安全,因此在 SSL 通信协议中这两者都被应用。

任务分析

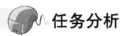

利用“服务器管理器”中的“添加角色”向导来安装证书服务。

任务实施

1. 安装证书服务

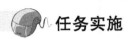

①在 CAServer 上,以管理员身份登录。

②打开“服务器管理器”,单击“添加角色”链接。

③如图 6-2 所示,在“选择服务器角色”对话框中选择“Active Directory 证书服务”复选框,单击“下一步”按钮。

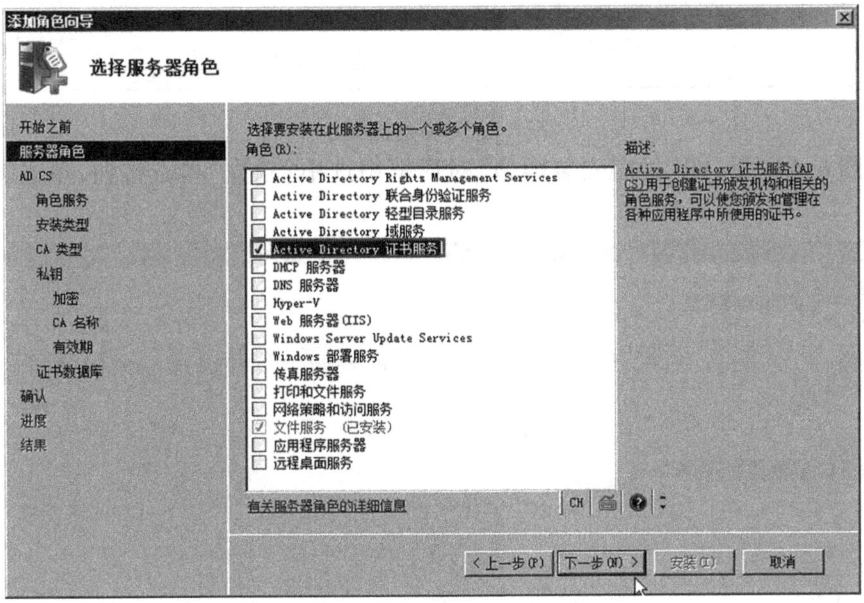

图 6-2　选择服务器角色

④在弹出的“Active Directory 证书服务简介”对话框中单击“下一步”按钮。

⑤如图 6-3 所示,在“选择角色服务”对话框中选择“证书颁发机构”和“证书颁发机构 Web 注册”复选框,在弹出的“是否添加证书颁发机构 Web 注册所需的角色服务?”对话框中单击“添加所需的角色服务”按钮,然后单击“下一步”按钮。

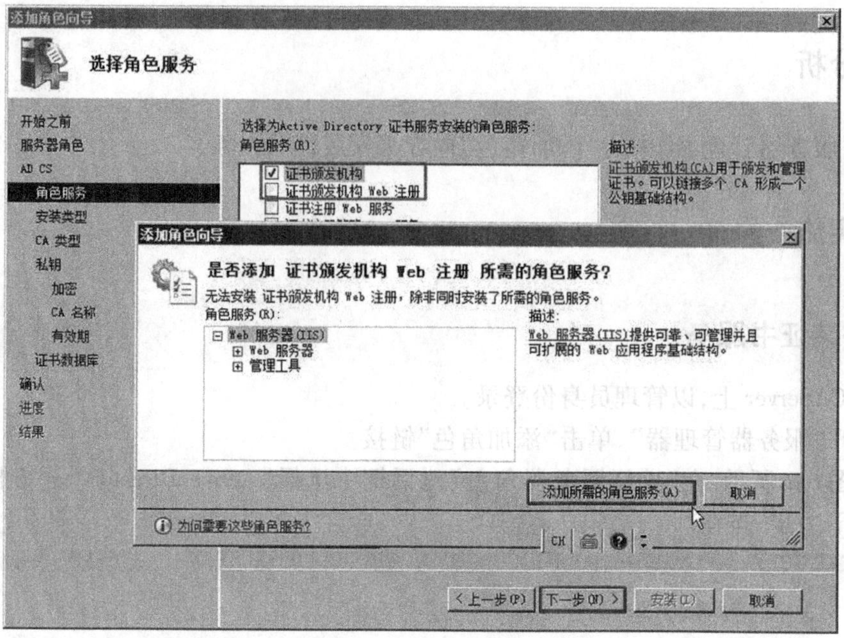

图 6-3　选择角色服务

⑥如图 6-4 所示,在“指定安装类型”对话框中选中“独立”单选按钮,单击“下一步”按钮。

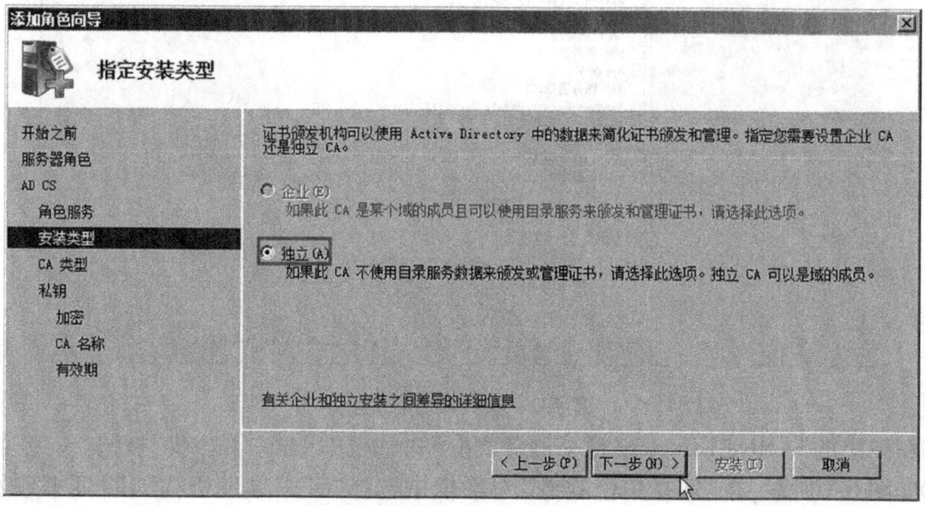

图 6-4 指定安装类型

⑦如图 6-5 所示,在“指定 CA 类型”对话框中选中“根 CA”单选按钮,单击“下一步”按钮。

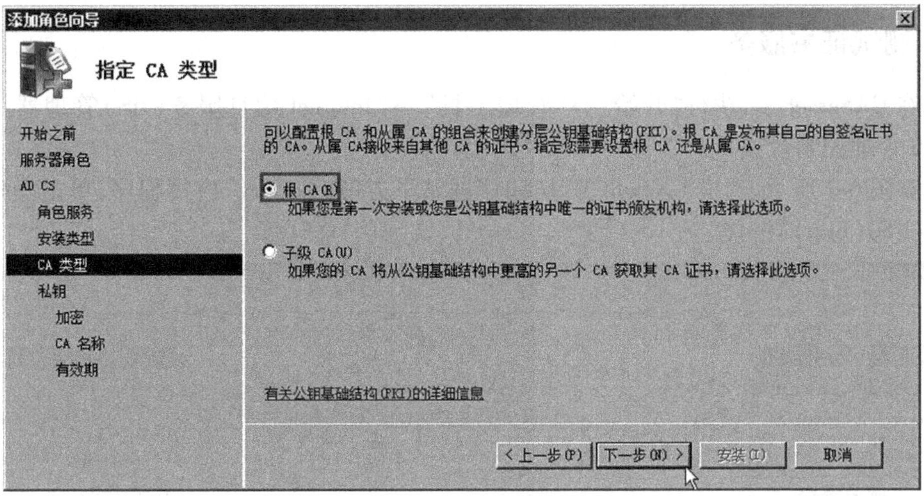

图 6-5　指定 CA 类型

⑧如图 6-6 所示，在“设置私钥”对话框中选中“新建私钥”单选按钮，单击“下一步”按钮。

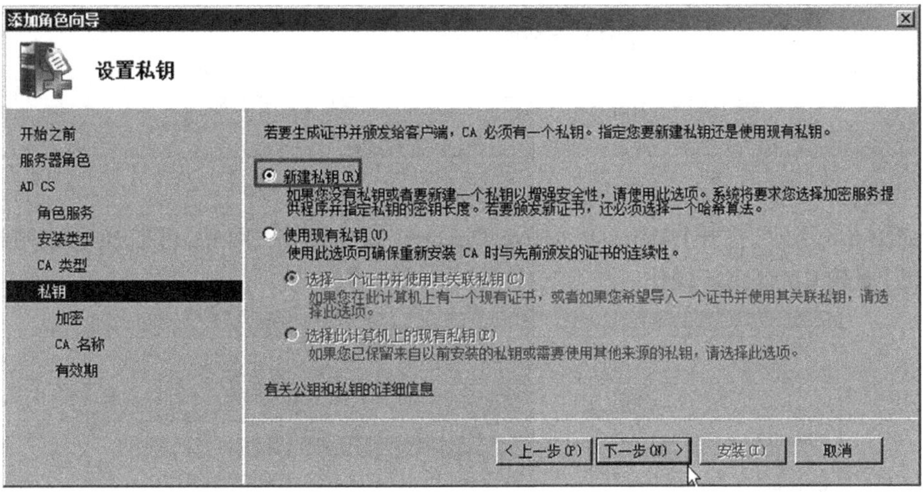

图 6-6　设置私钥

⑨在弹出的“为 CA 配置加密”对话框中保持默认设置，单击“下一步”按钮。

⑩在弹出的“配置 CA 名称”对话框中保持默认设置，单击“下一步”按钮。

⑪在弹出的“设置有效期”对话框中保持默认设置，单击“下一步”按钮。

⑫在弹出的“配置证书数据库”对话框中保持默认设置，单击“下一步”按钮。

⑬在弹出的“Web 服务器(IIS)”对话框中单击“下一步”按钮。

⑭在弹出的“选择角色服务”对话框中保持默认选择，单击“下一步”按钮。

⑮在弹出的“确认安装选择”对话框中单击“安装”按钮。

⑯在弹出的“安装结果”对话框中单击“关闭”按钮，完成证书服务的安装。

2. 测试证书服务

①在 CAServer 上，执行“开始”→“管理工具”→“Internet 信息服务(IIS)管理器”命令，打开 IIS 管理控制台。

②如图 6-7 所示，选中“Default Web Site”网站下方的“CertSrv”应用程序，单击操作栏的“浏览 *:80(http)”链接。

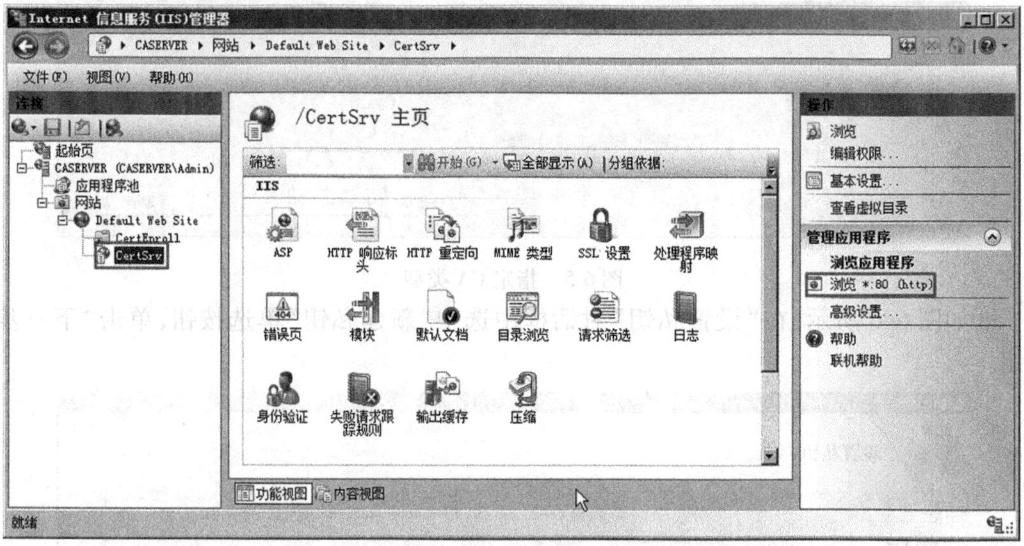

图 6-7 浏览证书服务网站

③如图 6-8 所示，打开“Microsoft Active Directory 证书服务”网站，可以通过该网站执行申请证书、下载 CA 证书等操作。

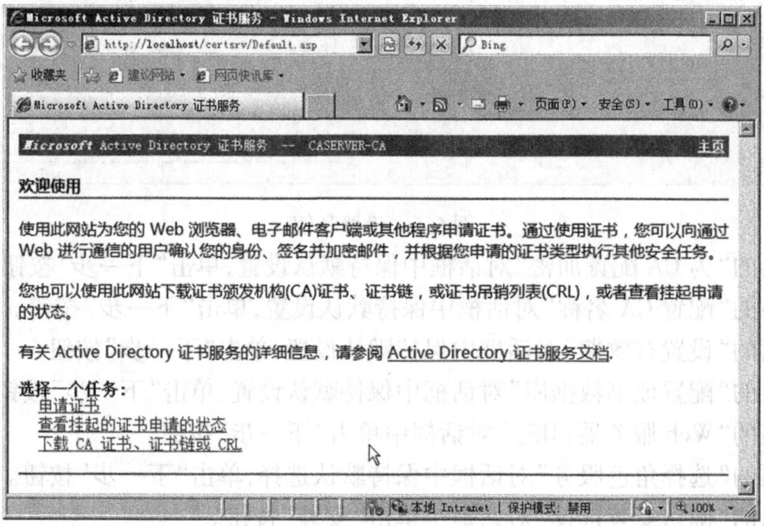

图 6-8 打开证书服务网站主页

任务小结

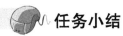

本任务介绍了证书服务的安装方法，安装目的是为了在网络中创建自己的 CA。有了 CA 就可以为其他应用程序颁发证书。安装证书服务时会自动安装 Web 服务器，并在默认网站下建立名为“CertSrv”的子站点，可以在 IE 地址栏中输入“http://证书服务器 IP 地址/CertSrv”访问到该网站。

【练一练】

在一台运行 Windows Server 2008 R2 的独立服务器上安装证书服务。

任务二　配置 Web 服务器使用数字证书

安装好证书服务的计算机已经具有颁发证书的能力。但在 IIS 中构建一个 https 网站还需要关键步骤：向 CA 证书服务器提交证书申请，并将获得的证书跟网站绑定。

任务描述

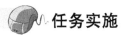

本任务将在 Web 服务器上安装 Web 服务器证书，从而实现证书与网站的绑定。

任务分析

要安装 Web 服务器证书，应分成以下三步完成：首先应在 Web 服务器上向证书服务器申请证书；然后在证书服务器上为 Web 服务器颁发证书；最后在 Web 服务器上安装颁发的证书。

任务实施

1. 准备工作

①在 WebDNSServer 上添加网站，网站名称为“jgx”，主目录路径为“F:\jgx”，绑定 IP 地址“192.168.100.4”，主机名为“www.jgx.com”。

②如图 6-9 所示，在 DNSServer 上创建名为“jgx.com”的正向查找区域，在其中建立指向 IP 地址“192.168.100.4”的主机记录“www.jgx.com”。

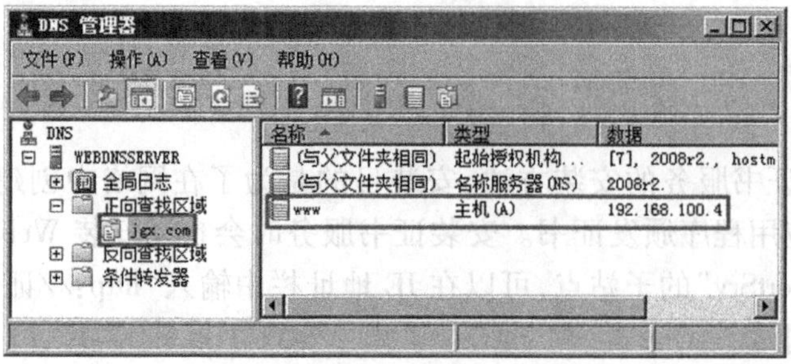

图 6-9 在 DNS 中建立映射

③如图 6-10 所示,在 IE 地址栏中输入“http://www.jgx.com”可以访问网站 jgx 的主页。

图 6-10 测试发布的网站

2. 为 Web 服务器创建证书申请

①如图 6-11 所示,在 IIS 控制台树中选中“WEBSERVER”服务器,双击功能区的“服务器证书”图标。

图 6-11 服务器证书

②如图 6-12 所示，单击“创建证书申请”链接。

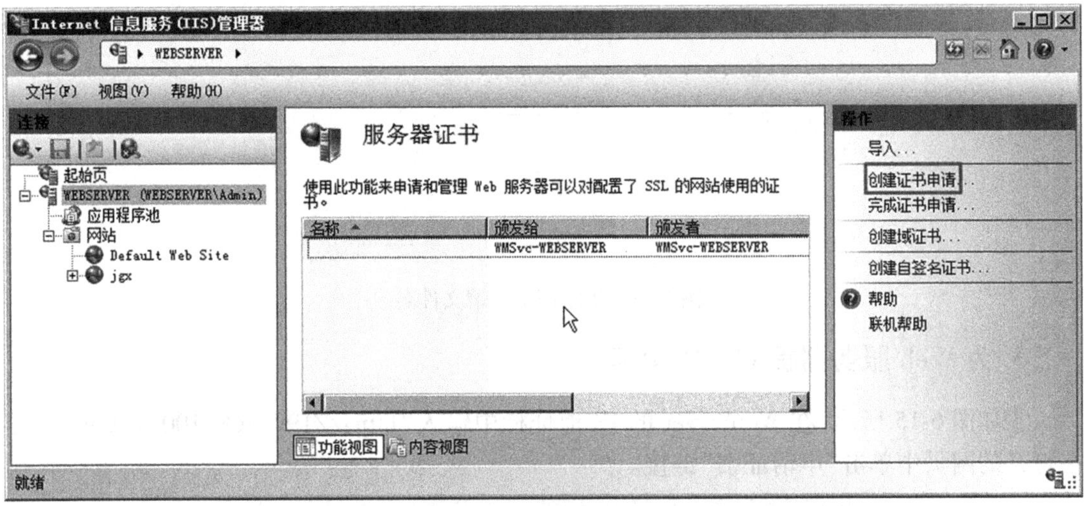

图 6-12　创建证书申请

③如图 6-13 所示，在“可分辨名称属性”对话框中指定证书的必需信息，在“通用名称”处填入网站绑定的域名 www.jgx.com，单击“下一步”按钮。

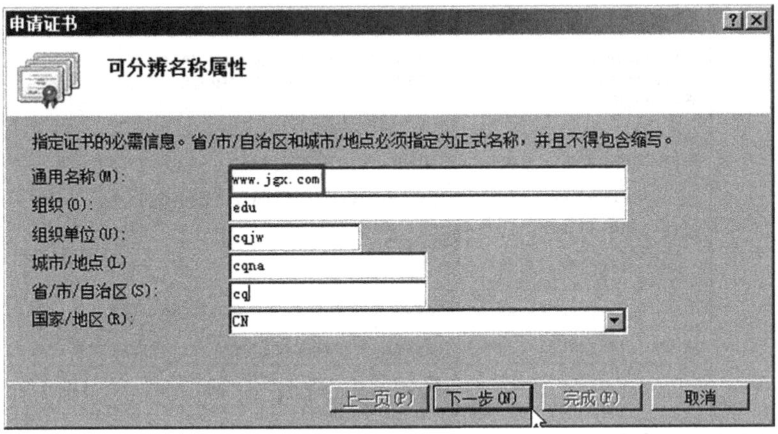

图 6-13　填写证书信息

小提示

- 证书的通用名称应输入网站绑定的主机头名，否则将无法用域名访问此证书绑定的网站。

④在弹出的“加密服务提供程序属性”对话框中保持默认设置，单击“下一步”按钮。

⑤如图 6-14 所示，在“文件名”对话框中为证书申请指定文件名，单击“完成”按钮。

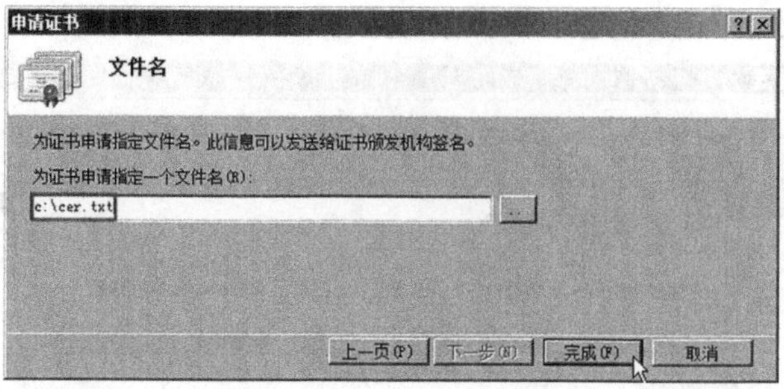

图 6-14　指定证书申请文件名

3. 为 Web 服务器提交证书申请

①如图 6-15 所示，在 WebServer 的 IE 地址栏中输入"http://192.168.100.1/CertSrv"，在打开的网页中单击"申请证书"链接。

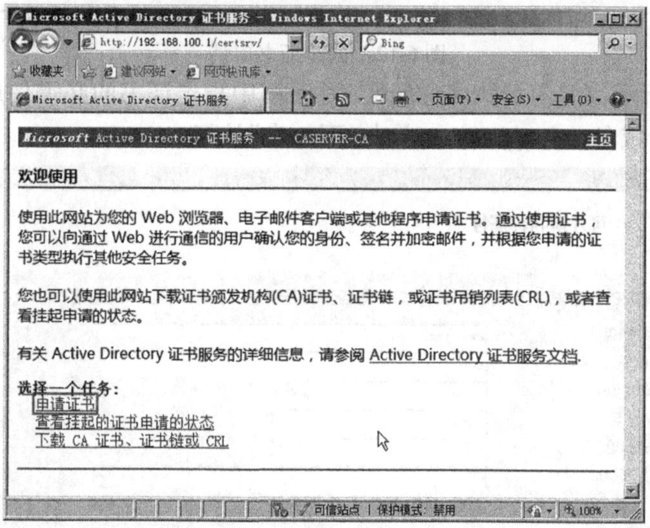

图 6-15　申请证书

②如图 6-16 所示，单击"高级证书申请"链接。

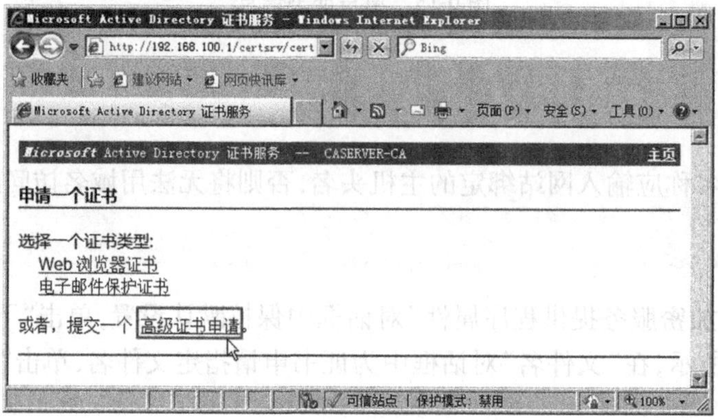

图 6-16　高级证书申请

③如图 6-17 所示，单击“使用 base64 编码的 CMC 或 PKCS#10 文件提交一个证书申请，或使用 base64 编码的 PKCS#7 文件续订证书申请”链接。

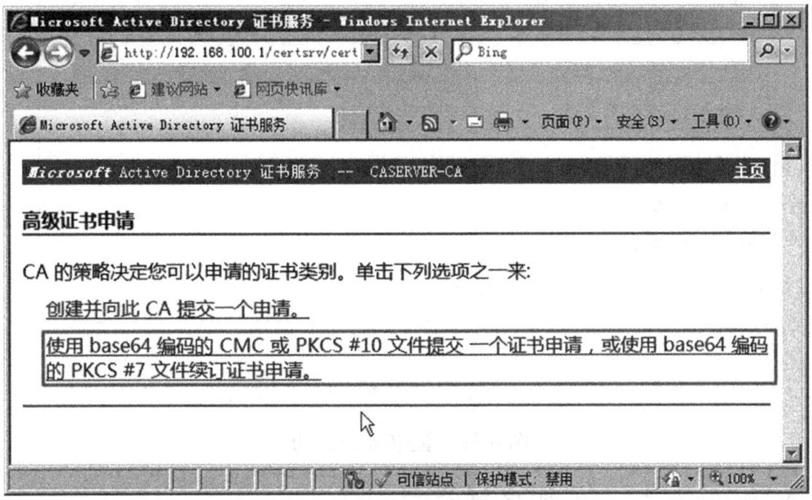

图 6-17　证书申请方式

④打开前面保存的 Web 服务器证书申请文件 c:\cer. txt，全选并复制其内容。

⑤如图 6-18 所示，在“提交一个证书申请或续订申请”页面上右击“保存的申请”文本框内的空白地方，选择快捷菜单中的“粘贴”命令。粘贴好证书申请文件内容后单击“提交”按钮。

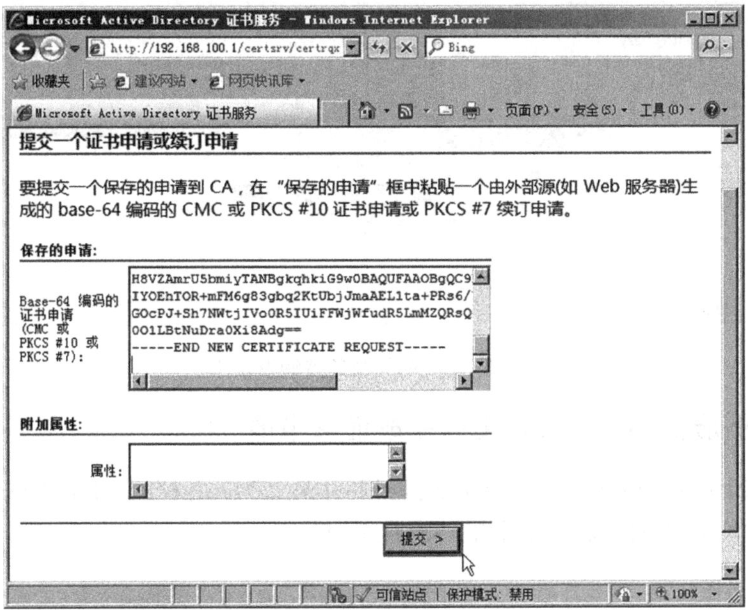

图 6-18　提交证书申请

⑥如图 6-19 所示，证书申请已提交给 CA，等待管理员颁发申请的证书。

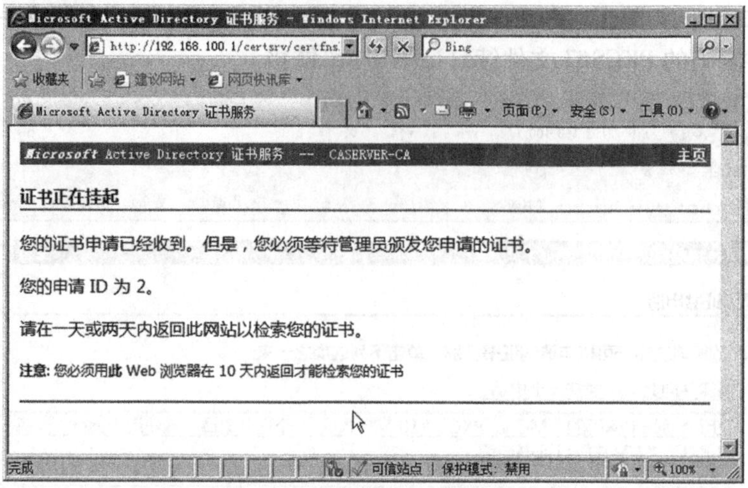

图 6-19　证书提交成功

4. 在 CAServer 上为 Web 服务器颁发证书

①以管理员身份登录 CAServer，执行“开始”→“管理工具”→“证书颁发机构”命令，打开证书颁发机构窗口。

②如图 6-20 所示，选中左窗格的“挂起的申请”节点，右击右窗格中刚提交的证书申请，选择“所有任务”→“颁发”命令。

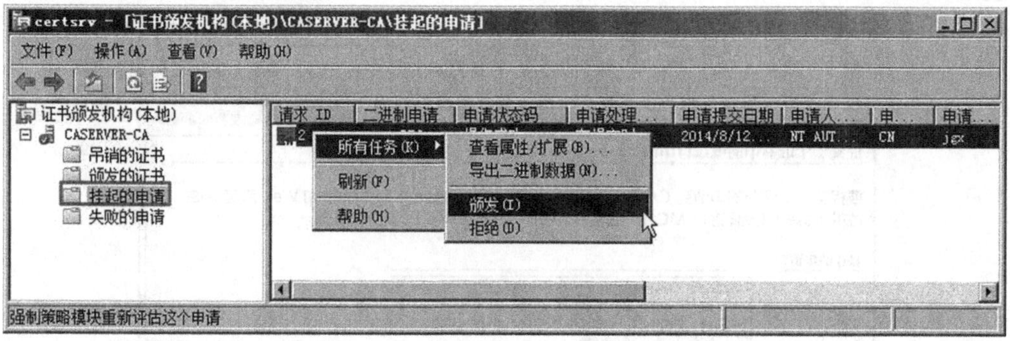

图 6-20　为 Web 服务器颁发证书

5. 在 Web 服务器上下载证书并完成证书申请

①如图 6-21 所示，在 WebServer 的 IE 地址栏中输入“http://192.168.100.1/certsrv”，在打开的网页中单击“查看挂起的证书申请的状态”链接。

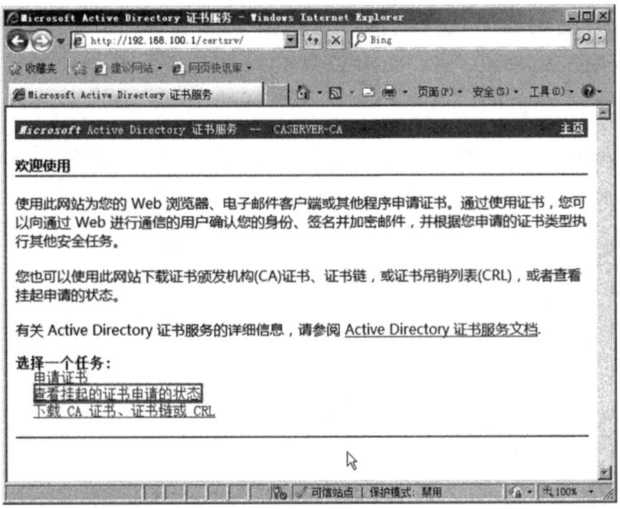

图 6-21　查看挂起的证书申请的状态

②如图 6-22 所示，在“查看挂起的证书申请的状态”页面中单击“保存的申请证书”链接。

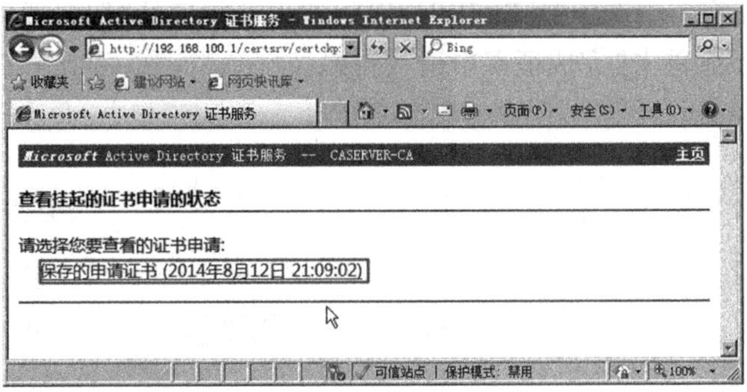

图 6-22　查看已颁发的证书

③如图 6-23 所示，在“证书已颁发”页面单击“下载证书”链接，在弹出的“文件下载”对话框中单击“保存”按钮。

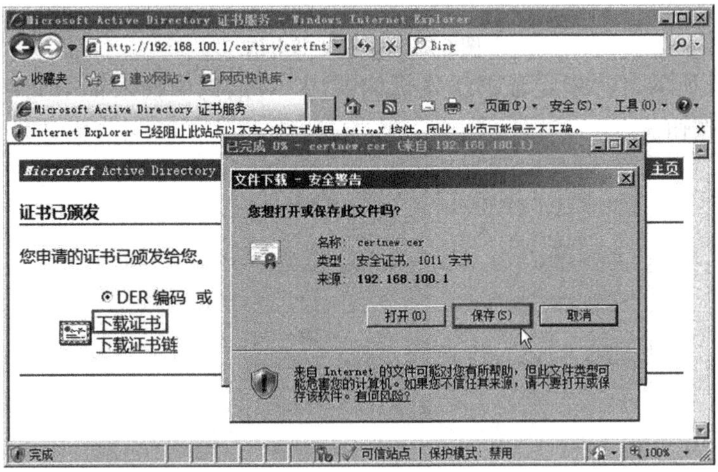

图 6-23　下载证书

④如图 6-24 所示，指定证书文件的保存位置及文件名，单击“保存”按钮。

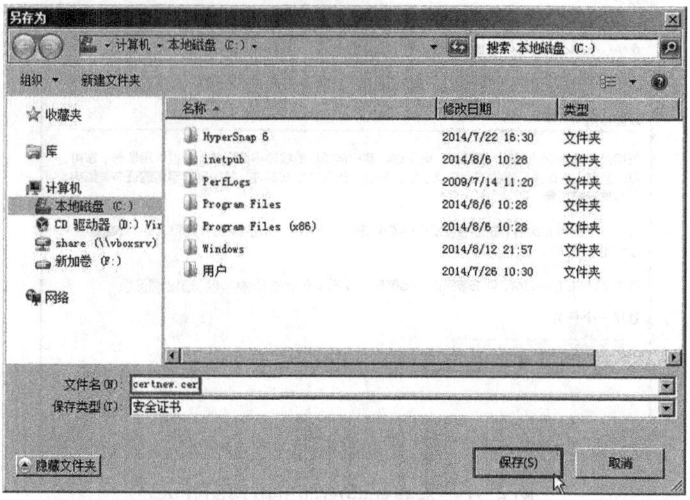

图 6-24　保存证书

⑤在 IIS 管理器窗口中选中“WEBSERVER”，双击功能区的“服务器证书”图标。

⑥如图 6-25 所示，单击“完成证书申请”链接。

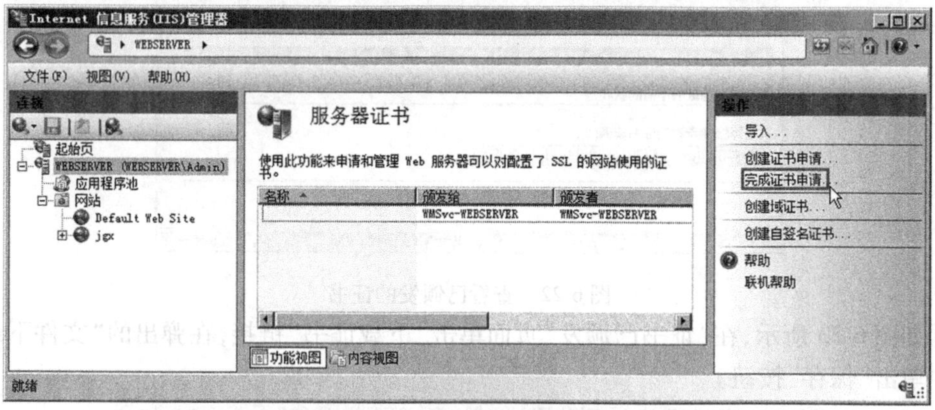

图 6-25　完成证书申请

⑦如图 6-26 所示，在“指定证书颁发机构响应”对话框中输入证书文件名称及好记名称，单击“确定”按钮。

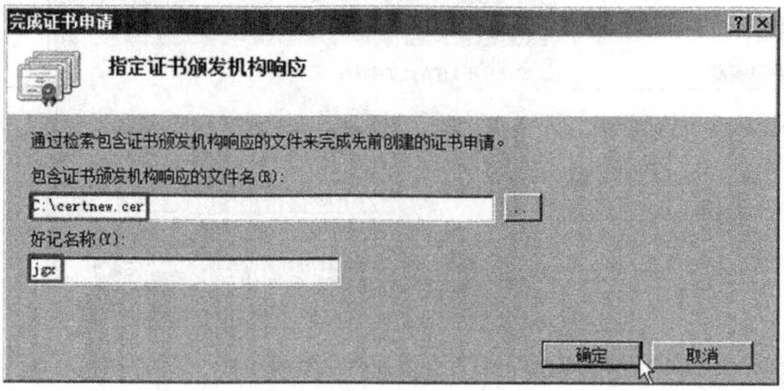

图 6-26　浏览到下载的证书

⑧如图 6-27 所示，Web 服务器证书安装完成。

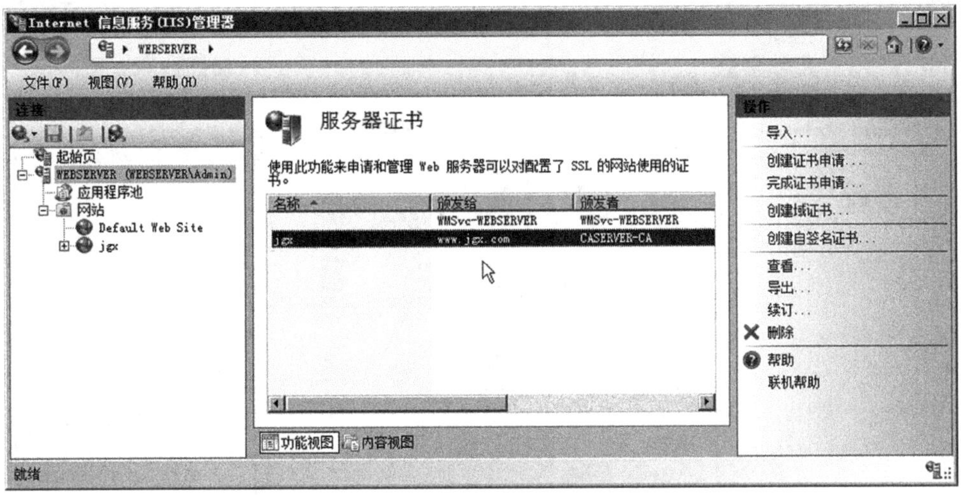

图 6-27　Web 服务器证书安装完成

6. 为网站绑定证书

①如图 6-28 所示，为网站 jgx 添加绑定：类型选择为“https”，IP 地址选择为“192. 168. 100. 4”，端口保持为默认的“443”，SSL 证书选择为刚安装的“jgx”。

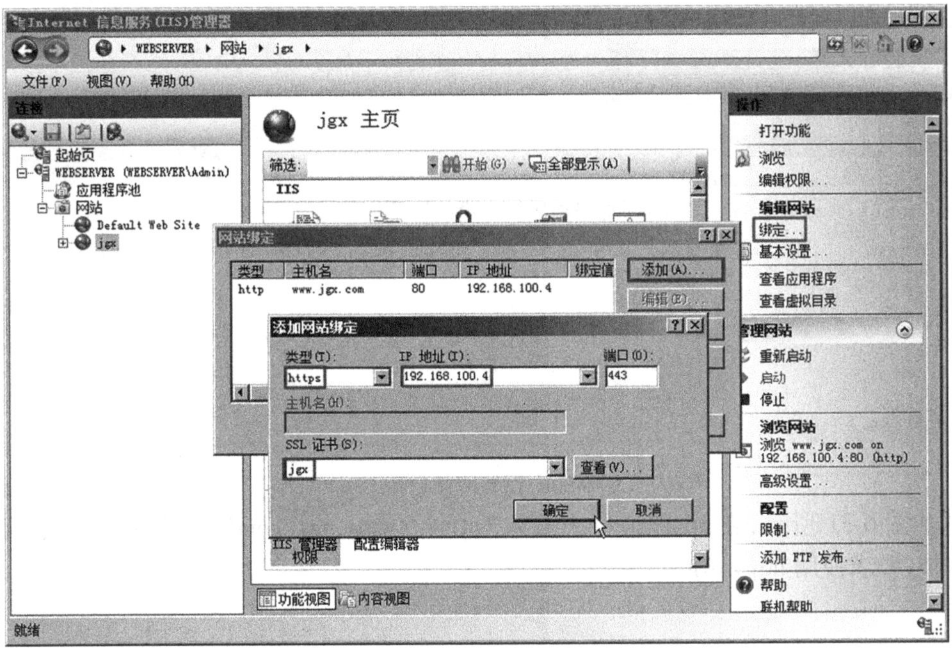

图 6-28　为网站绑定证书

②如图 6-29 所示，选中网站 jgx，双击功能区的“SSL 设置”图标。

图 6-29 SSL 设置

③如图 6-30 所示,在 SSL 设置区域选择"要求 SSL"复选框,客户证书选择为"忽略",单击"应用"按钮。

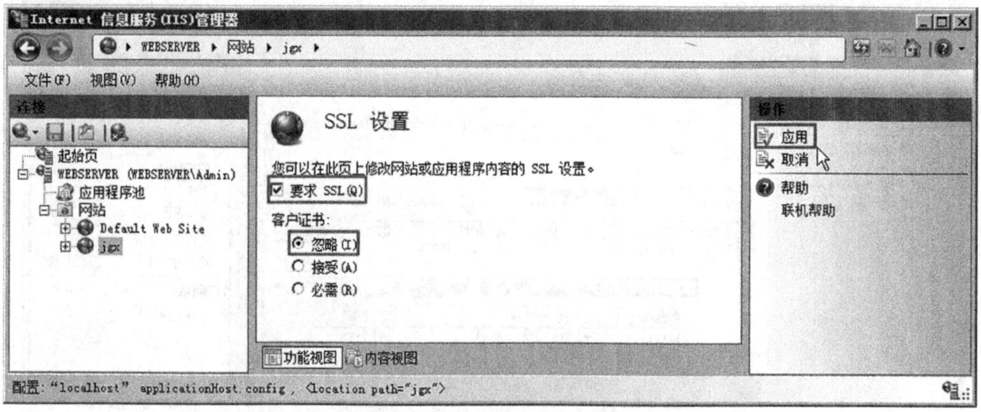

图 6-30 设置网站启用 SSL

④如图 6-31 所示,在 IE 地址栏中输入"http://www.jgx.com"出现错误,提示网站受 SSL 保护,要求使用 https 访问。

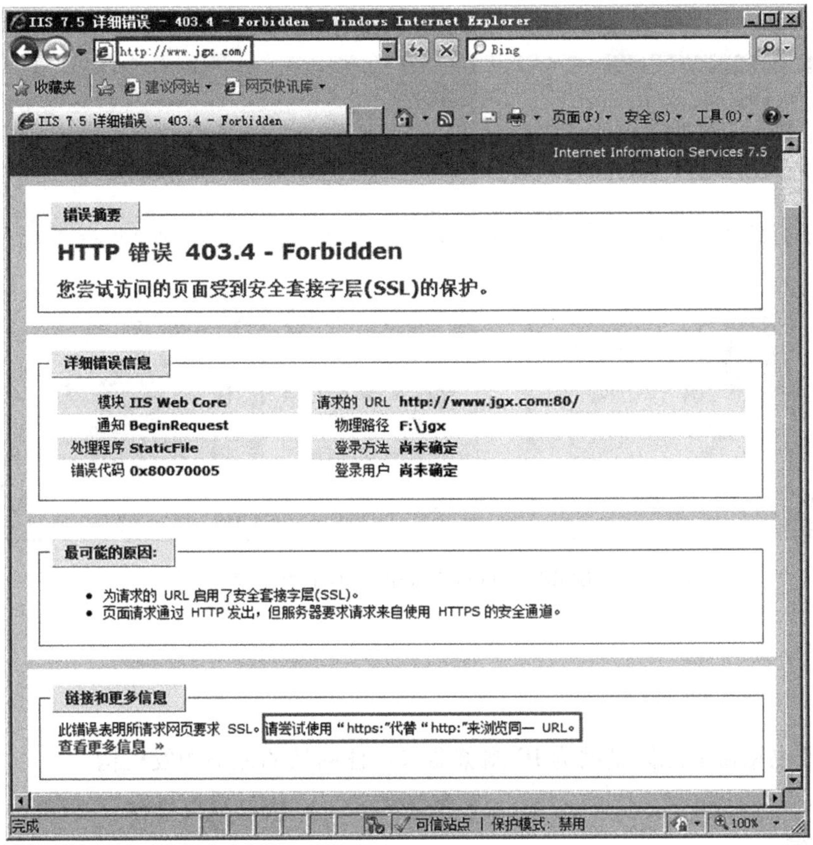

图 6-31　网站无法用 http 方式访问

⑤如图 6-32 所示，在 IE 地址栏中输入“https://www.jgx.com”，将打开“此网站的安全证书有问题”页面，单击“继续浏览此网站(不推荐)”链接。

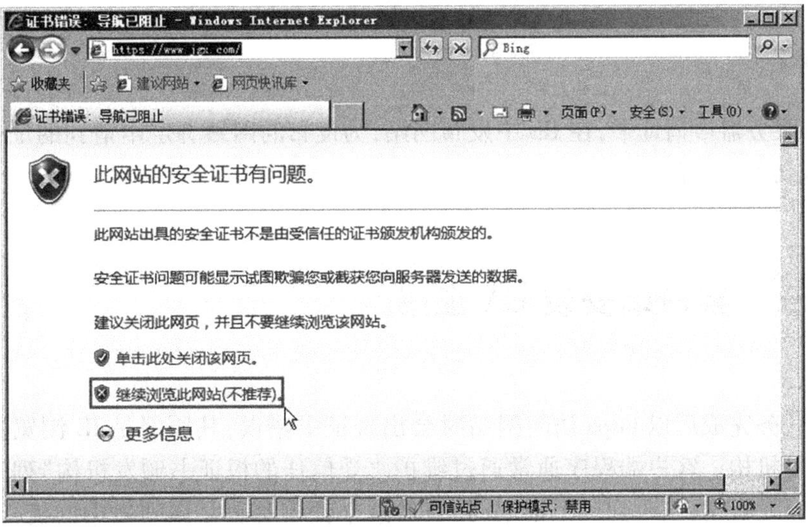

图 6-32　网站的安全证书有问题

⑥如图 6-33 所示，网站能以 https 方式访问，但出现“证书错误”。

图 6-33　https 访问网站时证书错误

小提示

- 出现证书错误的原因是因为 IE 浏览器未信任网站的证书颁发机构。

任务小结

本任务通过证书申请、证书颁发、证书安装及证书绑定等操作，实现了网站的 https 访问。

【练一练】

为 Web 服务器申请证书，在 IIS 中发布网站，为发布的网站绑定申请到的证书。完成后以 https 方式访问发布的网站。

任务三　客户端安装 CA 证书

前面的任务完成后以 https 访问网站时会出现证书错误，其原因是 IE 浏览器不信任网站的证书颁发机构。客户端程序通常通过维护“受信任的根证书颁发机构”列表来判断是否信任证书颁发机构：当收到一个证书时，查看这个证书是否是该列表中的机构颁发的，如果是则这个证书是可信任的，否则就不信任。客户端是否能够信任 Web 站点的证书，取决于客户端程序是否导入了证书颁发者的根证书。

任务概述

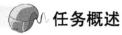

本任务将在 IE 浏览器中导入 CA 根证书，使 IE 信任由它颁发的证书，这样在访问网站时就不会出现证书错误的提示。

任务分析

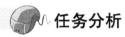

首先，在客户机上访问 CAServer 上的证书服务网站，从其主页下载 CA 证书并保存在本地。然后在 IE 浏览器中导入保存的 CA 证书，并将其存储为受信任的根证书，使 IE 信任 Web 服务器的证书。

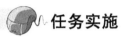

任务实施

1. 客户端下载 CA 证书

①如图 6-34 所示，在 Win7 客户机的 IE 地址栏中输入“http://192.168.100.1/certsrv”打开证书服务网站，单击主页中的“下载 CA 证书、证书链或 CRL”链接。

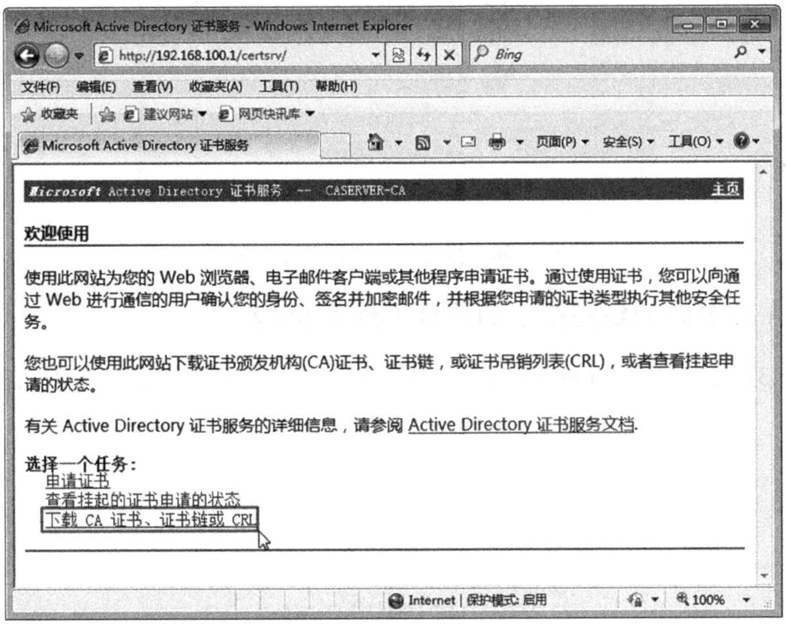

图 6-34　下载 CA 证书

②如图 6-35 所示，在“下载 CA 证书、证书链或 CRL”页面单击“下载 CA 证书”链接，在弹出的“文件下载”对话框中单击“保存”按钮。

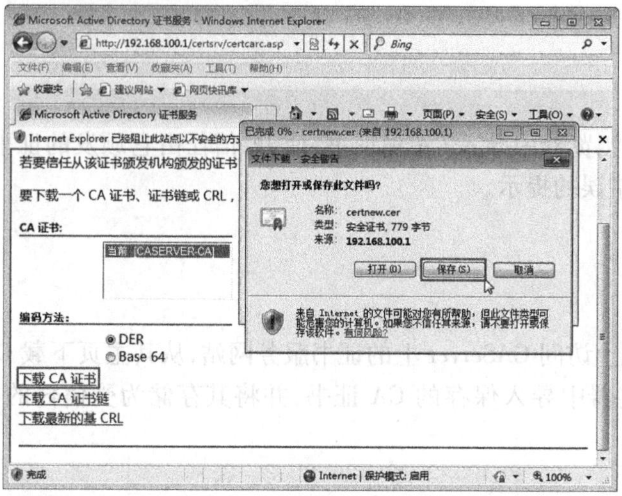

图 6-35　保存 CA 证书

③如图 6-36 所示,指定 CA 证书的存放位置及文件名,单击“保存”按钮。

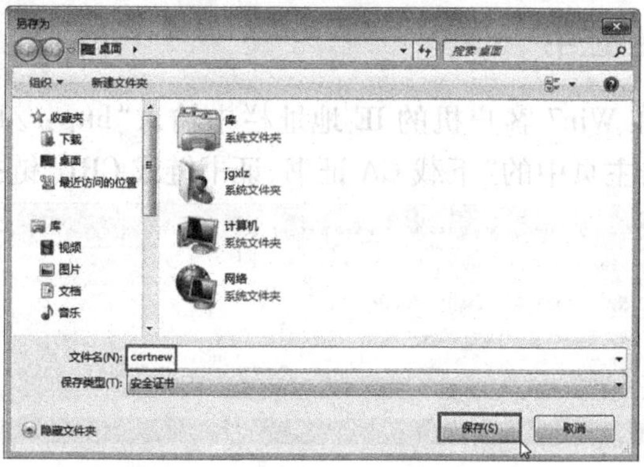

图 6-36　指定 CA 证书存放位置

2. 将 CA 证书添加到受信任的根证书颁发机构

①如图 6-37 所示,打开“Internet 选项”对话框,打开“内容”选项卡,单击“证书”按钮。

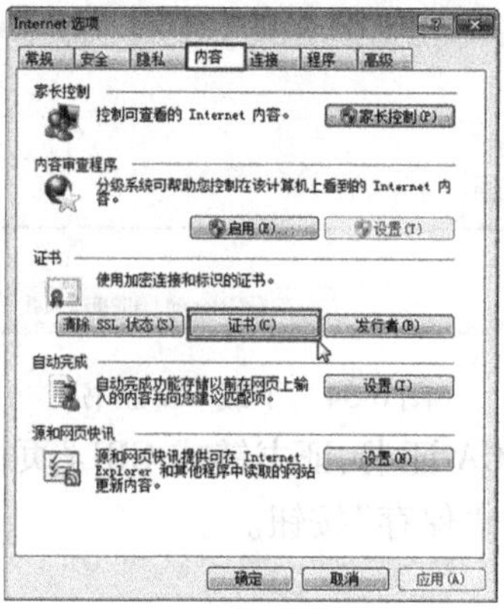

图 6-37　管理 IE 证书

②如图 6-38 所示，在“证书”对话框中单击“导入”按钮。

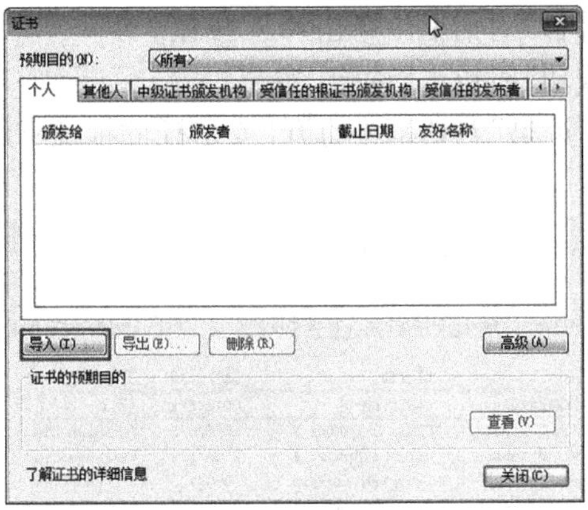

图 6-38　导入证书

③在弹出的“欢迎使用证书导入向导”对话框中单击“下一步”按钮。

④如图 6-39 所示，在“要导入的文件”对话框中填入刚才保存的 CA 证书路径及文件名，单击“下一步”按钮。

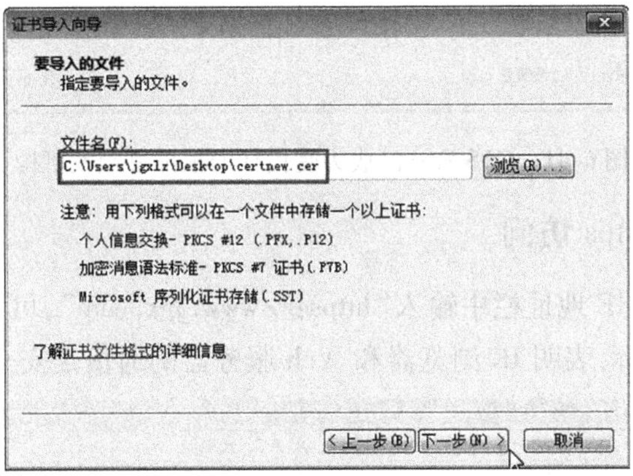

图 6-39　指定 CA 证书文件

⑤如图 6-40 所示，在“证书储存”对话框中通过“浏览”按钮选择证书储存位置为“受信任的根证书颁发机构”，单击“下一步”按钮。

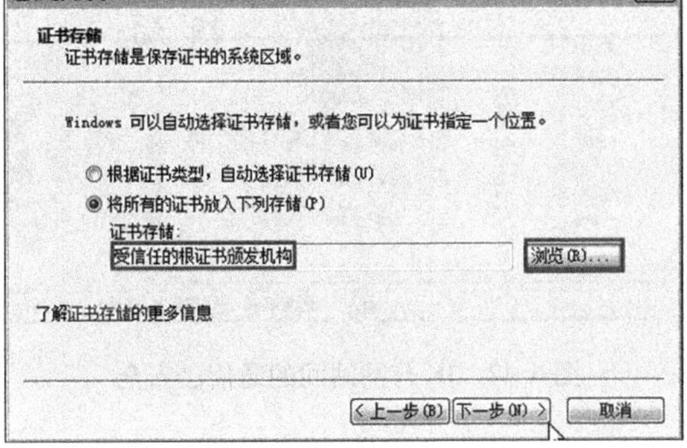

图 6-40　选择导入位置

⑥在弹出的“正在完成证书导入向导”对话框中单击“完成”按钮。

⑦在弹出的“安全性警告”对话框中单击“是”按钮。

⑧最后在提示“导入成功”时单击“确定”按钮。

⑨如图 6-41 所示，在“证书”对话框中打开“受信任的根证书颁发机构”选项卡，可以看到刚导入的 CA 证书。

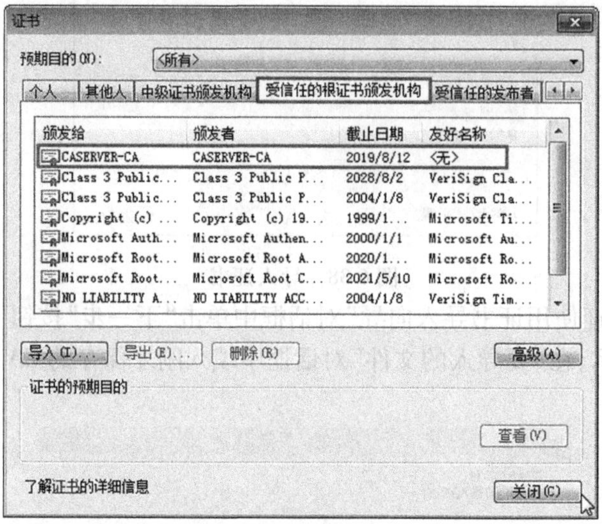

图 6-41　CAServer 已成为受信任的根证书颁发机构

3. 测试网站的 https 访问

如图 6-42 所示，在 IE 地址栏中输入“https://www.jgx.com”，可以成功访问到 jgx 网站的主页，并出现“🔒”图标，表明 IE 浏览器和 Web 服务器的通信是安全的。

图 6-42　IE 与网站间的通信已安全

任务小结

本任务通过在 IE 浏览器中导入 CA 证书并将其储存到受信任的根证书颁发机构，实现 IE 对 Web 站点的信任访问。

【练一练】

在 IE 浏览器中导入 CA 证书并将其储存到受信任的根证书颁发机构中。

模块实训

在网络内部部署证书服务器和 Web 服务器，实现客户端与 Web 服务器间的安全通信。

模块七

配置路由和远程访问服务器

王明公司有自己的局域网，日常办公都在局域网上完成。公司最近申请了专线上网，现要求局域网内所有计算机都能通过专线接入 Internet。同时，因为业务人员经常出差，并且他们也需要经常登录内部局域网，进行网上办公、查阅资源。王明该如何来解决这个问题？

学完本模块后，你将能够：

- 理解 NAT 的工作原理；
- 理解 VPN 的作用；
- 配置 NAT 服务器，实现共享上网；
- 配置 VPN 服务器，实现远程访问。

任务一　配置 NAT 服务器

路由和远程访问服务(Routing and Remote Access Service)是 Windows Server 系列操作系统中绑定的一个软件组件,可以利用路由和远程访问服务器在网络中充当软件路由器、NAT 服务器或 VPN 服务器。

任务描述

本任务将在一台运行 Windows Server 2008 R2 操作系统的计算机上安装并配置路由和远程访问服务,让其在网络中充当 NAT 服务器。借助 NAT 服务器,实现内网的计算机访问 Internet 上的网站。网络拓扑如图 7-1 所示,图中的计算机均使用虚拟机。

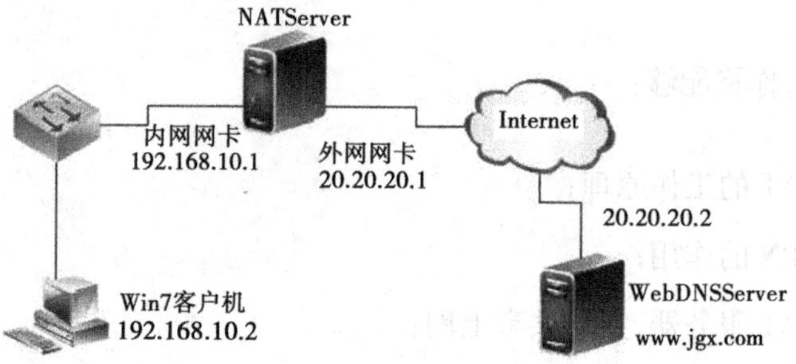

图 7-1　网络拓扑图

【相关知识】

NAT(Network Address Translation,网络地址转换)是将 IP 数据报头中的 IP 地址转换为另一个 IP 地址的过程。在实际应用中,NAT 主要用于实现私有网络访问公共网络的功能。这种通过使用少量的公网 IP 地址代表较多私网 IP 地址的方式,将有助于减缓可用 IP 地址空间的枯竭速度。

私网 IP 地址是指内部网络或主机的 IP 地址,公网 IP 地址是指在因特网上全球唯一的 IP 地址。RFC 1918 为私有网络预留出了 3 个 IP 地址块,分别如下:

A 类:10.0.0.0—10.255.255.255

B 类:172.16.0.0—172.31.255.255

C 类:192.168.0.0—192.168.255.255

NAT 最初的设计目的是实现私有网络访问公共网络的功能,后扩展到实现任意两个网络间进行访问时的地址转换应用。

任务分析

如图 7-1 所示，运行 Windows Server 2008 R2 操作系统的计算机作 NAT 服务器需要配置两块网卡，其中一块用于连接内部局域网，另一块接 Internet。WebDNSServer 模拟互联网上的 Web 服务器及 DNS 服务器，其网卡配置公有 IP 地址。Win7 客户机模拟局域网中的计算机，配置私有 IP 地址。在 NATServer 上安装路由和远程访问服务，启用其 NAT 功能，将其配置为 NAT 服务器，实现 Win7 客户机访问 Web 服务器上的网站。

任务实施

1. 为 NATServer 配置双网卡

①打开 VirtualBox 管理器，右击已关闭的 NATServer 虚拟机，选择"设置"命令，打开 NATServer 设置对话框。

②如图 7-2 所示，选中左侧的"网络"选项，在右侧的"网卡 1"选项卡中选择连接方式为"桥接网卡"，界面名称选择与主机的物理网卡型号相同的名称。

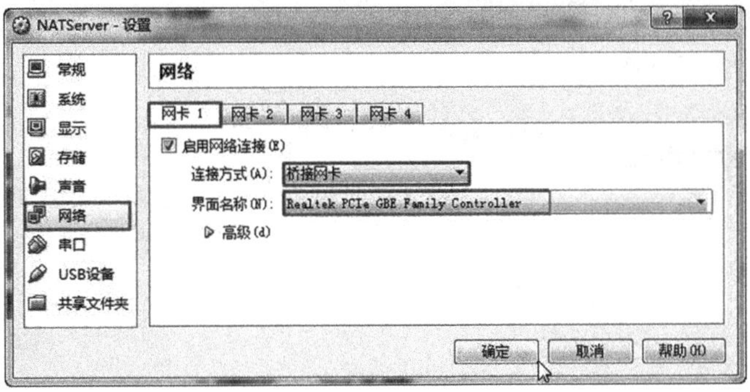

图 7-2　设置网卡 1 的网络连接方式

③如图 7-3 所示，在"网卡 2"选项卡中选中"启用网络连接"复选框，选择连接方式为"内部网络"，界面名称保持默认的"intnet"，单击"确定"按钮。

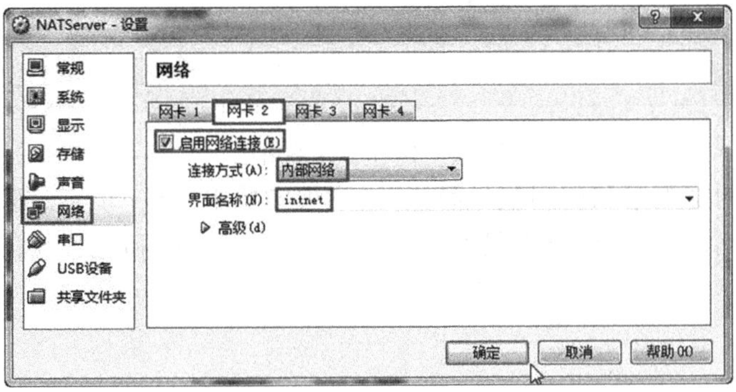

图 7-3　设置网卡 2 的网络连接方式

④如图 7-4 所示，将网卡 1 对应的网络连接重命名为“外网”，网卡 2 对应的网络连接重命名为“内网”。

图 7-4　重命名网络连接

⑤设置外网网卡的 IP 地址为 20.20.20.1，子网掩码为 255.255.255.0，默认网关为20.20.20.2。

⑥设置内网网卡的 IP 地址为 192.168.10.1，子网掩码为 255.255.255.0。

2. 在 NATServer 上安装路由和远程访问服务

①以管理员身份登录 NATServer，打开“服务器管理器”窗口，单击“添加角色”链接。

②如图 7-5 所示，在“选择服务器角色”对话框中选中“网络策略和访问服务”复选框，单击“下一步”按钮。

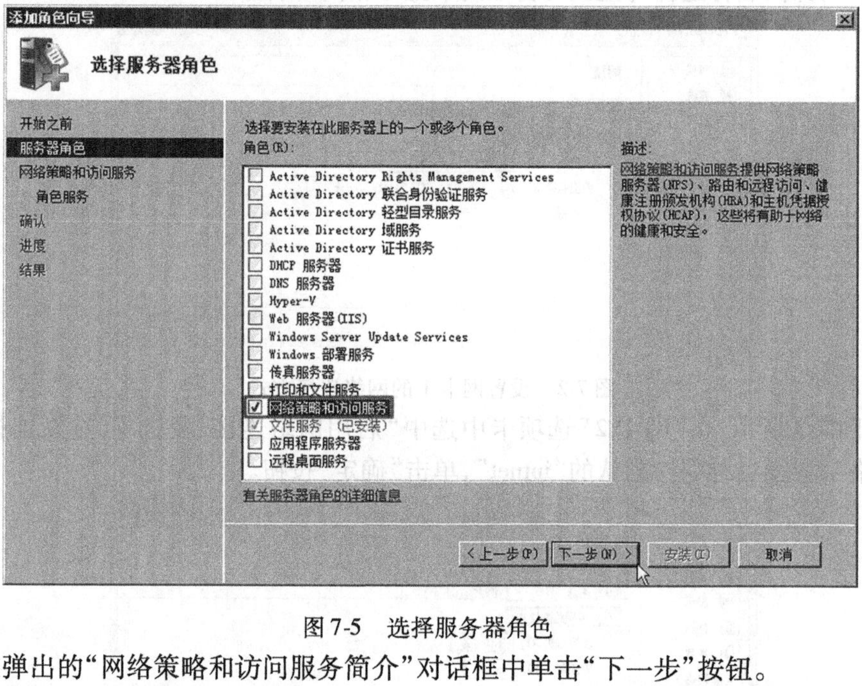

图 7-5　选择服务器角色

③在弹出的“网络策略和访问服务简介”对话框中单击“下一步”按钮。

④如图 7-6 所示，在“选择角色服务”对话框中选中“路由和远程访问服务”复选框，单击“下一步”按钮。

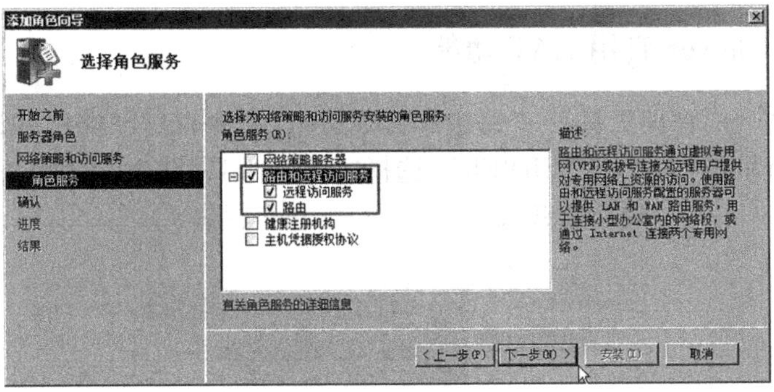

图 7-6　选择角色服务

⑤在“确认安装选择”对话框中单击“安装”按钮。

⑥在“安装结果”对话框中单击“关闭”按钮,完成路由和远程访问服务的安装。

3. 配置 WebDNSServer

①打开 WebDNSServer 虚拟机设置对话框,将其网络连接方式设置为“桥接网卡”。

②设置 WebDNSServer 的 IP 地址为 20. 20. 20. 2,子网掩码为 255. 255. 255. 0。

③如图 7-7 所示,在 WebDNSServer 上建立指向本机 IP 地址 20. 20. 20. 2 的主机记录“www. jgx. com”。

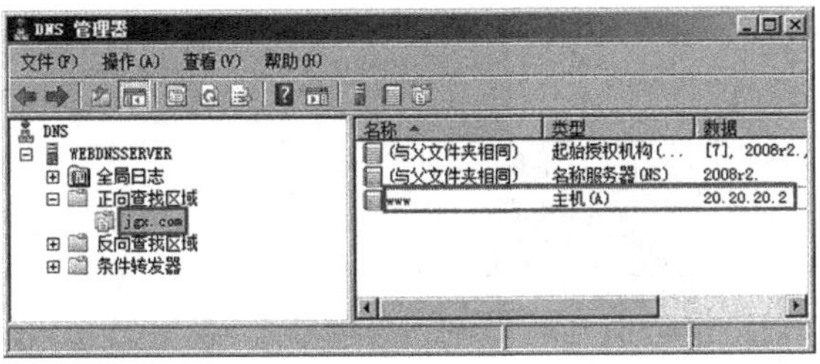

图 7-7　在 DNS 服务器上建立 DNS 映射

④如图 7-8 所示,在 IIS 管理器中发布网站 jgx,网站绑定主机名 www. jgx. com,绑定 IP 地址 20. 20. 20. 2。

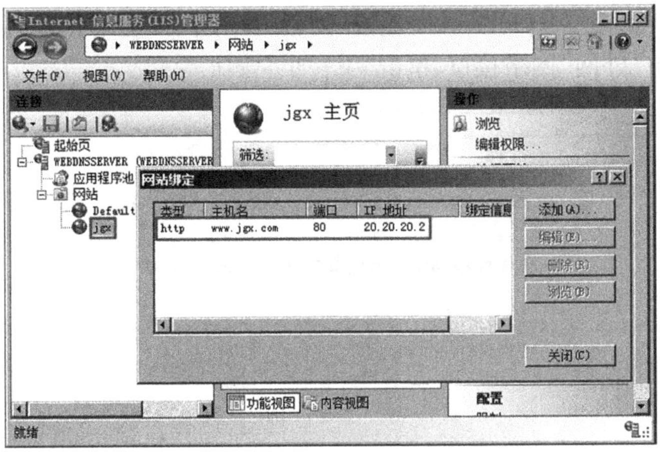

图 7-8　在 Web 服务器上建立网站

4. 配置 NATServer 启用 NAT 功能

①执行“开始”→“管理工具”→“路由和远程访问”命令，打开“路由和远程访问”窗口。

②如图 7-9 所示，右击“NATSERVER”，选择“配置并启用路由和远程访问”命令。

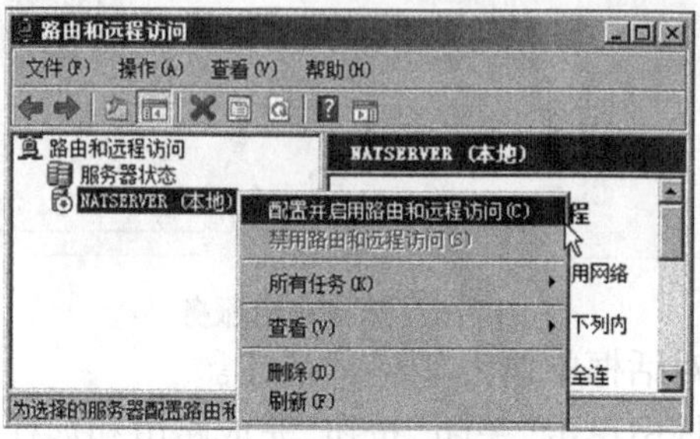

图 7-9　配置并启用路由和远程访问

③在弹出的“欢迎使用路由和远程访问服务器安装向导”对话框中单击“下一步”按钮。

④如图 7-10 所示，在“配置”对话框中选中“网络地址转换(NAT)”单选按钮，单击“下一步”按钮。

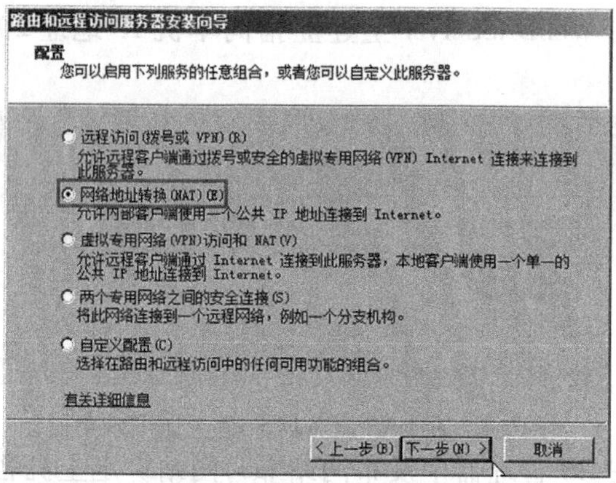

图 7-10　启用 NAT 功能

⑤如图 7-11 所示，在“NAT Internet 连接”对话框中选中“使用此公共接口连接到 Internet”单选按钮，选中“外网”网络接口，单击“下一步”按钮。

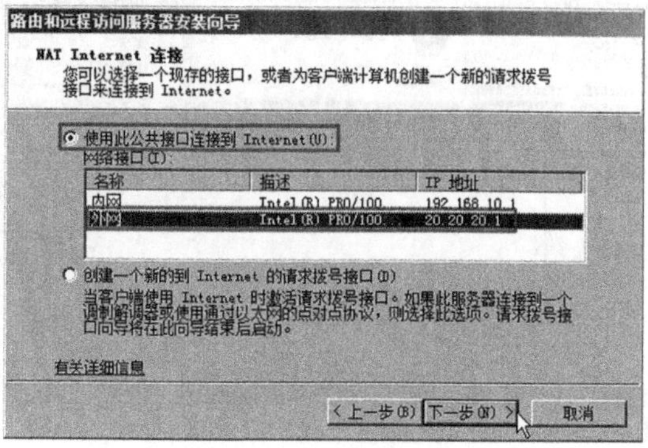

图 7-11　选择连接 Internet 的网卡

⑥如图 7-12 所示，在“名称和地址转换服务”对话框中选中“我将稍后设置名称和地址服务”单选按钮，单击“下一步”按钮。

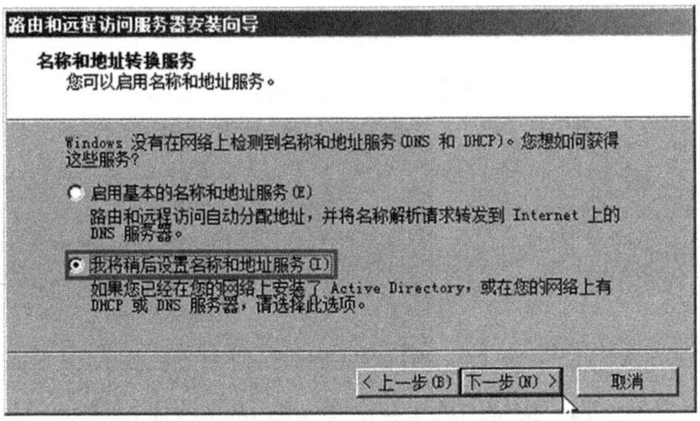

图 7-12　选择是否设置名称和地址转换服务

⑦在“正在完成路由和远程访问服务器安装向导”对话框中单击“完成”按钮。

5. 在 Win7 客户机上测试

①设置 Win7 客户机的网络连接方式为“内部网络”。

②如图 7-13 所示，设置 Win7 客户机的 IP 地址为 192.168.10.2，子网掩码为 255.255.255.0，默认网关为 192.168.10.1，首选 DNS 服务器地址为 20.20.20.2。

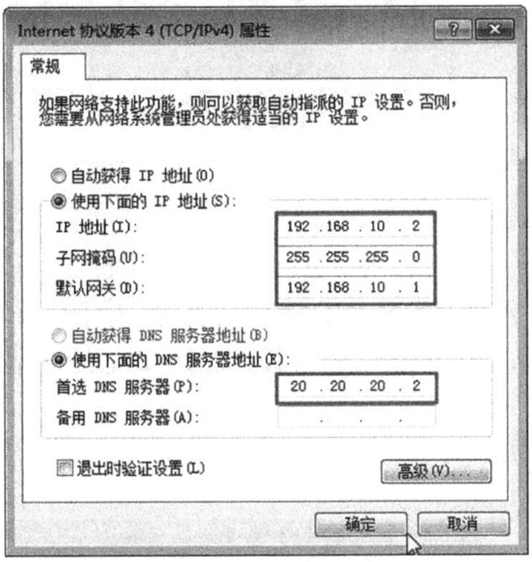

图 7-13　设置 Win7 客户机的 TCP/IP 参数

③如图 7-14 所示，在 IE 地址栏中输入“http://www.jgx.com”，成功访问到 WebDNS-Server 上的网站表明 NAT 配置成功。

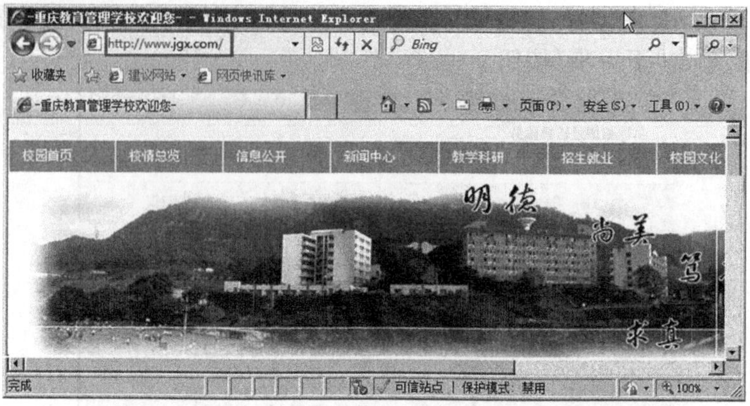

图 7-14　测试内网主机能否访问 Internet 上的网站

6. 在 NATServer 上查看 NAT 转换

①如图 7-15 所示，在“路由和远程访问”窗口左窗格中选中“NAT”节点，在右窗格中右击“外网”接口，选择“显示映射”命令。

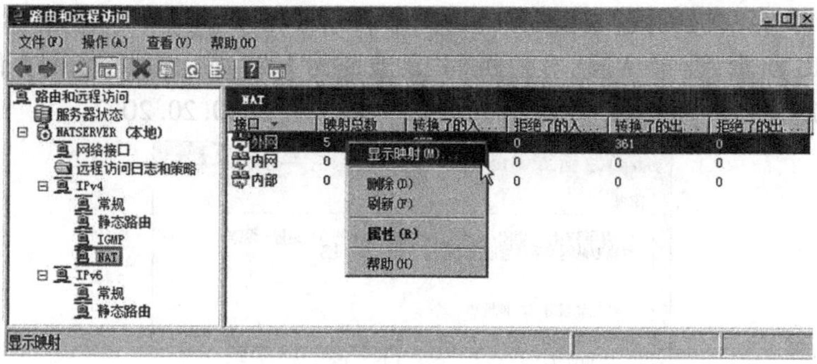

图 7-15　显示网卡 NAT 映射

②如图 7-16 所示，从“网络地址转换会话映射表格”对话框中可以看出：Win7 客户机使用私有 IP 地址 192.168.10.2 访问公网主机 20.20.20.2 上的网站时，被转换成了公网 IP 地址 20.20.20.1。

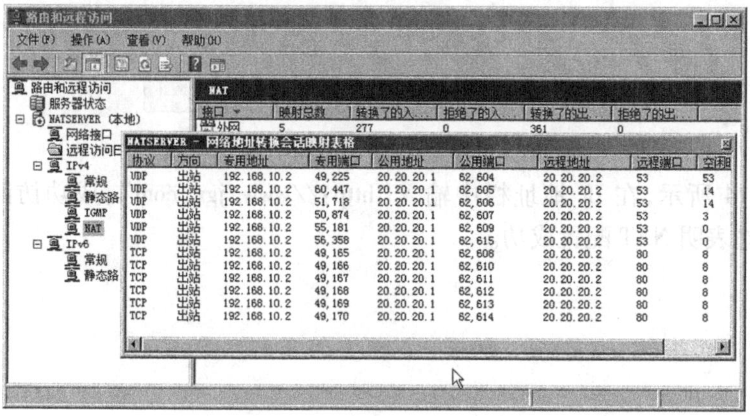

图 7-16　查看 NAT 会话映射

任务小结

本任务介绍了将 Windows Server 2008 R2 配置为 NAT 服务器的方法。配置时要注意内网主机的 IP 地址、默认网关及 DNS 服务器地址的设置。

【练一练】

搭建 NAT 实验环境，将运行 Windows Server 2008 R2 系统的计算机配置为 NAT 服务器，实现内网计算机使用私有 IP 地址 192.168.1.0/24 访问互联网时被转换为公网 IP 地址 114.11.18.1。

任务二　配置 VPN 服务器

远程访问是企业提供给移动用户访问其网络资源的方法之一。通过远程访问，移动用户可以在企业网络以外的任何地方访问位于公司网络中的资源。远程访问有两种实现方式，即拨号远程访问方式与 VPN 远程访问方式。

任务描述

本任务模拟互联网 VPN 远程访问网络环境，实现 Internet 上的 Win7 客户借助互联网访问内网 FTPServer 上的资源。网络拓扑图如图 7-17 所示，图中各计算机均使用虚拟机，其中的 VPNServer 为 VPN 远程访问服务器。

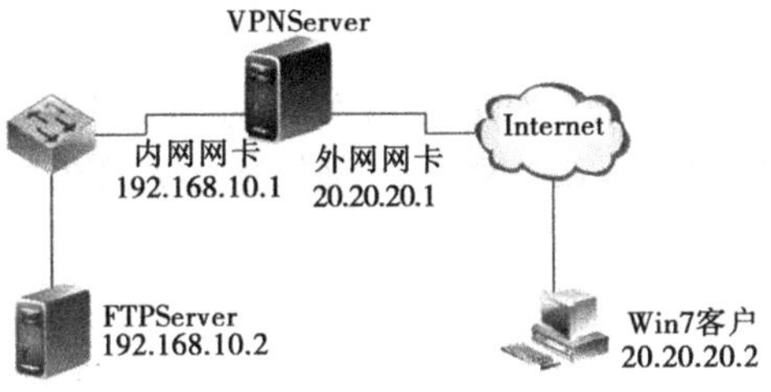

图 7-17　网络拓扑图

【相关知识】

VPN 英文全称是"Virtual Private Network"，翻译过来就是"虚拟专用网络"。VPN 被定义为通过一个公用网络(通常是因特网)建立一个临时的、安全的连接，是一条穿过混乱公用网络的安全、稳定隧道。使用这条隧道可以对数据进行加密，达到安全使用互联网的目的。虚拟专用网是对企业内部网的扩展，它可以帮助远程用户、公司分支机构、商业伙伴及供应商同公司的内部网建立可信的安全连接，并保证数据的安全传输。

任务分析

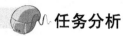

如图 7-17 网络拓扑图所示，运行 Windows Server 2008 R2 操作系统的计算机作 VPN 服务器需要配置两块网卡，其中一块用于连接内部局域网，另一块接 Internet。在 VPNServer 上安装路由和远程访问服务并启用 VPN 功能，将其配置为 VPN 服务器。为了实现 VPN 远程访问，需要在 VPN 服务器上创建用于远程访问的用户账户，并允许其远程拨入。同时，在远程计算机需要创建 VPN 连接，并利用该 VPN 连接拨入成功后才能进行远程访问。

任务实施

1. 配置 VPNServer 双网卡

①如图 7-18 所示，在 VirtualBox 中设置 VPNServer“网卡 1”的网络连接方式为“桥接网卡”。

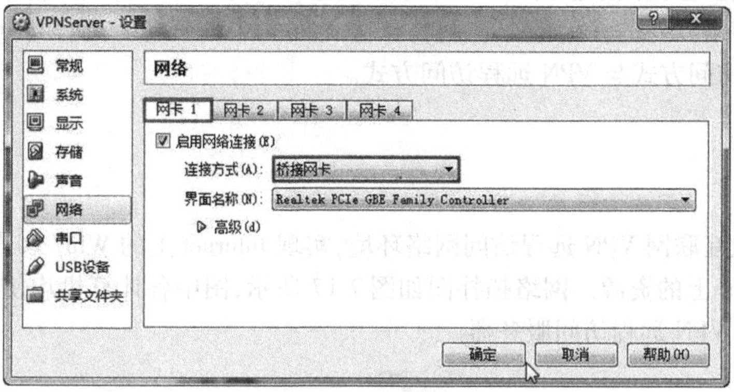

图 7-18　设置网卡 1 的网络连接方式

②如图 7-19 所示，设置 VPNServer“网卡 2”网络连接方式为“内部网络”。

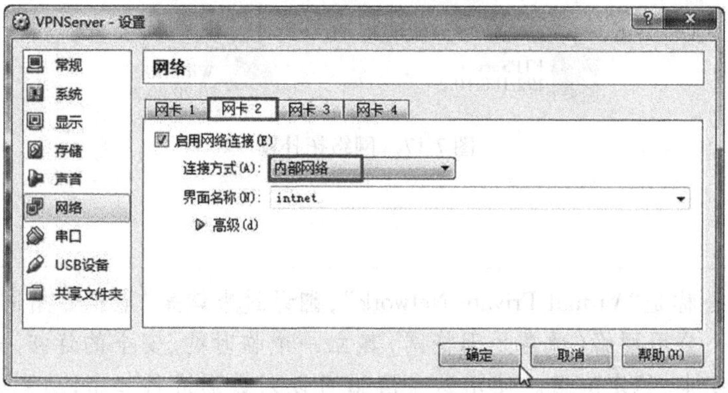

图 7-19　设置网卡 2 的网络连接方式

③在“网络连接”窗口中将网卡 1 对应的网络连接重命名为“外网”，将网卡 2 对应的网

络连接重命名为“内网”。

④设置“内网”网卡的 IP 地址为 192.168.10.1，子网掩码为 255.255.255.0。

⑤设置“外网”网卡的 IP 地址为 20.20.20.1，子网掩码为 255.255.255.0，默认网关为 20.20.20.2。

2. 启用 VPNServer 的 VPN 功能

①在 VPNServer 上利用“服务器管理器”的添加角色向导，完成“路由和远程访问服务”的安装。

②如图 7-20 所示，在“路由和远程访问”窗口中右击“VPNSERVER”，选择“配置并启用路由和远程访问”命令。

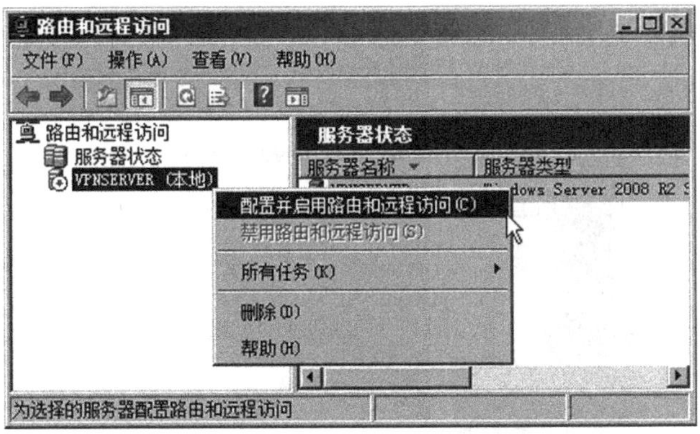

图 7-20　配置并启用路由和远程访问

③在弹出的“欢迎使用路由和远程访问服务器安装向导”对话框中单击“下一步”按钮。

④如图 7-21 所示，在“配置”对话框中选中“自定义配置”单选按钮，单击“下一步”按钮。

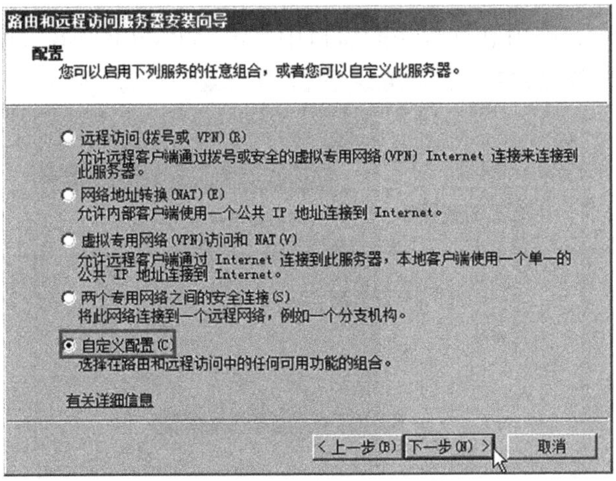

图 7-21　自定义配置

⑤如图 7-22 所示，在“自定义配置”对话框中选择“VPN 访问”复选框，单击“下一步”按钮。

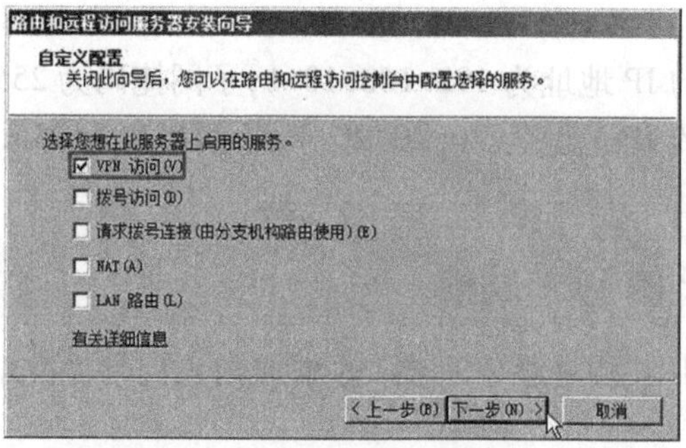

图 7-22　启用 VPN 功能

⑥如图 7-23 所示，在“正在完成路由和远程访问服务器安装向导”对话框中单击“完成”按钮，并在弹出的对话框中单击“启动服务”按钮。

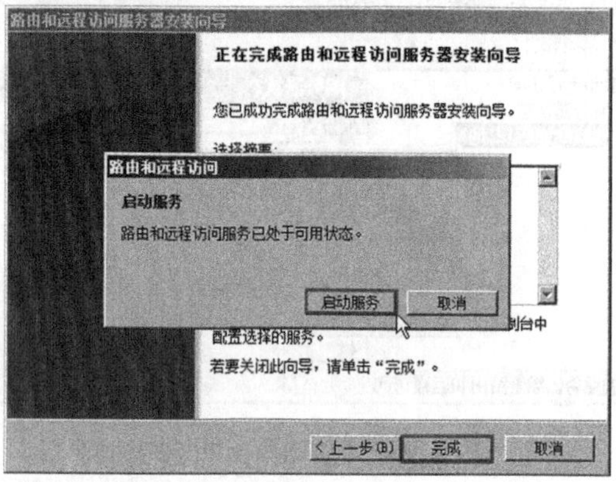

图 7-23　完成 VPN 服务器配置

3. 在 VPNServer 上为 VPN 客户端指定 IP 地址范围

①如图 7-24 所示，在路由和远程访问窗口中右击“VPNSERVER”，选择“属性”命令。

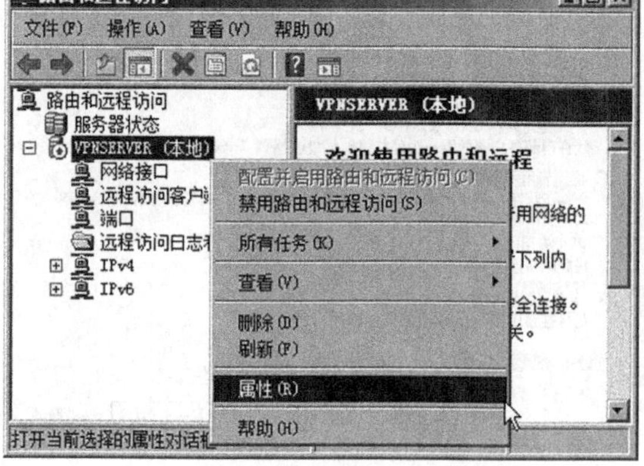

图 7-24　设置 VPNServer 属性

②如图 7-25 所示，在“VPNSERVER 属性”对话框中切换到“IPv4”选项卡，选中“静态地址池”单选按钮，单击“添加”按钮，在弹出的“新建 IPv4 地址范围”对话框中键入起始 IP 地

址与结束 IP 地址，两次单击“确定”按钮后完成 VPN 客户端 IP 地址范围的创建。

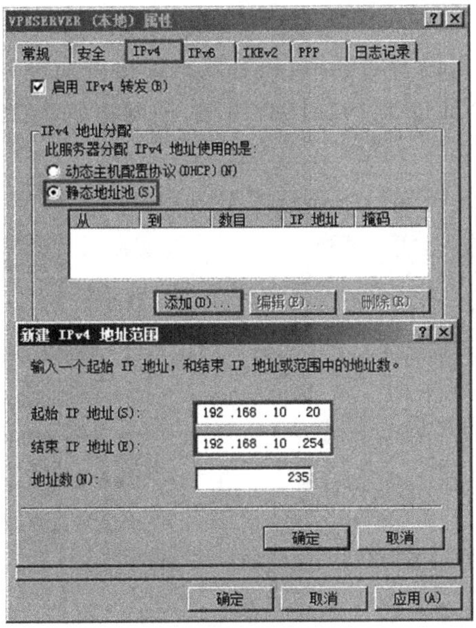

图 7-25　为 VPN 客户端指定 IP 地址范围

小提示

- 此处为 VPN 客户端指定的 IP 地址应与 VPNServer 内网网卡的 IP 地址在同一网段，这样才能保证 VPN 客户端拨入后能顺利访问内网的资源。

4. 在 VPNServer 上创建 VPN 拨入账户

①执行“开始”→“管理工具”→“计算机管理”命令，打开计算机管理控制台。

②如图 7-26 所示，建立用户 Ma，并在其属性对话框的“拨入”选项卡中选中“允许访问”单选按钮。

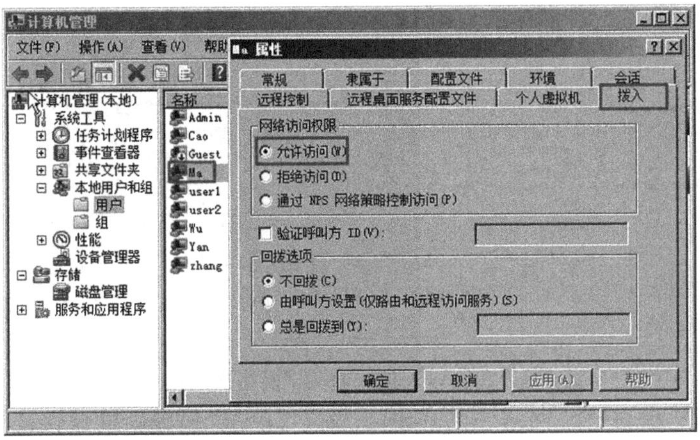

图 7-26　建立 VPN 拨入账户

5. 配置 FTPServer

①打开 FTPServer 虚拟机设置对话框，将其网络连接方式设置为“内部网络”。

②设置 FTPServer 的 IP 地址为 192.168.10.2，子网掩码为 255.255.255.0，默认网关为 192.168.10.1。

③如图 7-27 所示，在 IIS 控制台中新建 FTP 站点 myftp，绑定 IP 地址 192.168.10.2。

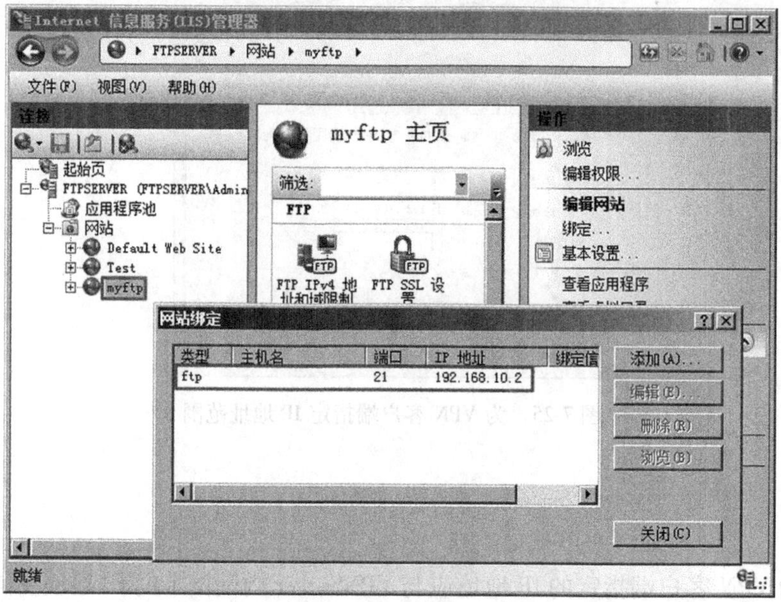

图 7-27　FTPServer 上建立 FTP 站点

6. 在 Win7 客户机上建立 VPN 连接及测试

①打开 Win7 虚拟机设置对话框，将其网络连接方式设置为“桥接网卡”。

②配置 Win7 客户机的 IP 地址为 20.20.20.2，子网掩码为 255.255.255.0。

③如图 7-28 所示，VPN 拨入前，Win7 客户机 ping 不通内网 FTPServer。

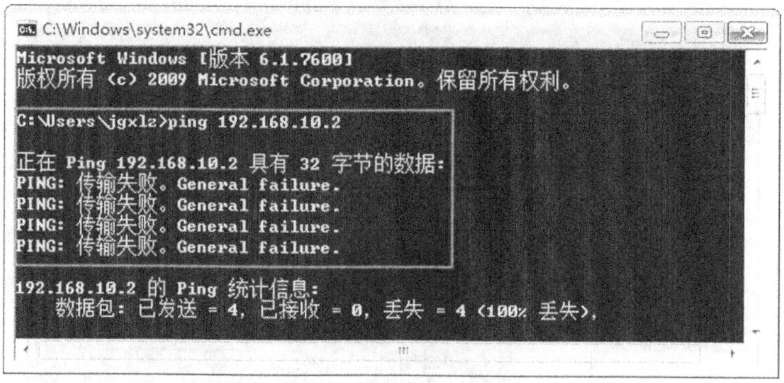

图 7-28　VPN 拨入前测试网络连通性

④如图 7-29 所示，打开“网络和共享中心”窗口，单击“设置新的连接或网络”链接。

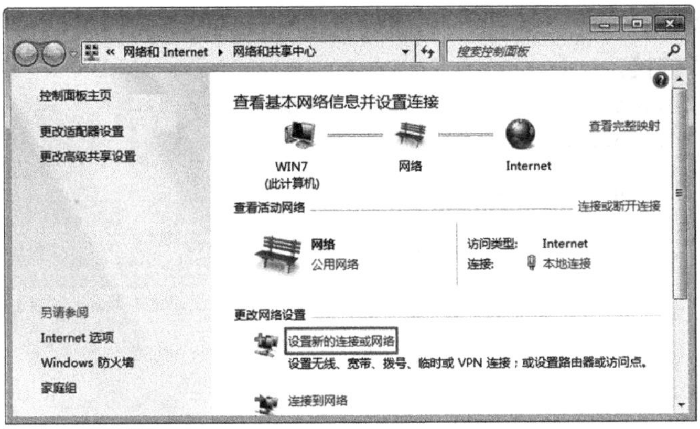

图 7-29　设置新的连接或网络

⑤如图 7-30 所示，在“选择一个连接选项”对话框中选中“连接到工作区”选项，单击“下一步”按钮。

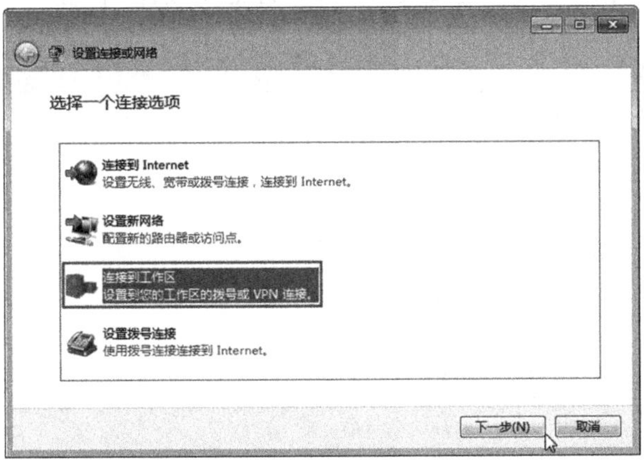

图 7-30　选择连接选项

⑥如图 7-31 所示，在“您想如何连接?”对话框中单击“使用我的 Internet 连接(VPN)”链接。

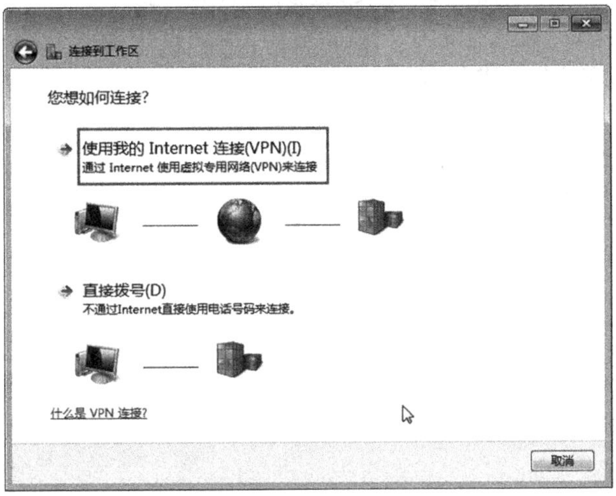

图 7-31　选择连接方式

⑦如图 7-32 所示，在“您想在继续之前设置 Internet 连接吗?”对话框中单击“我将稍后设置 Internet 连接”链接。

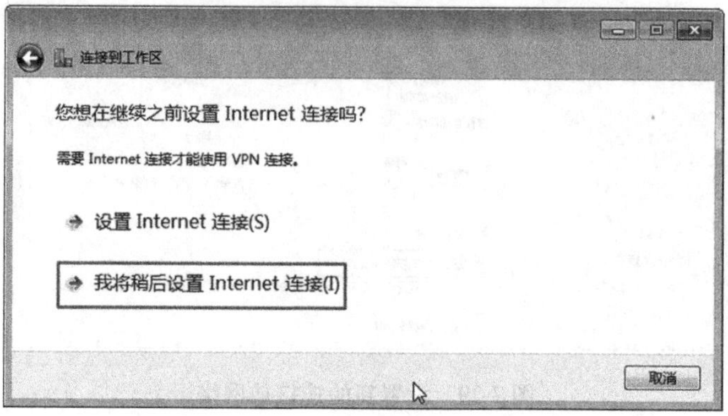

图 7-32　选择是否设置 Internet 连接

⑧如图 7-33 所示，在“键入要连接的 Internet 地址”对话框中输入 VPNServer 外网网卡的 IP 地址“20.20.20.1”，单击“下一步”按钮。

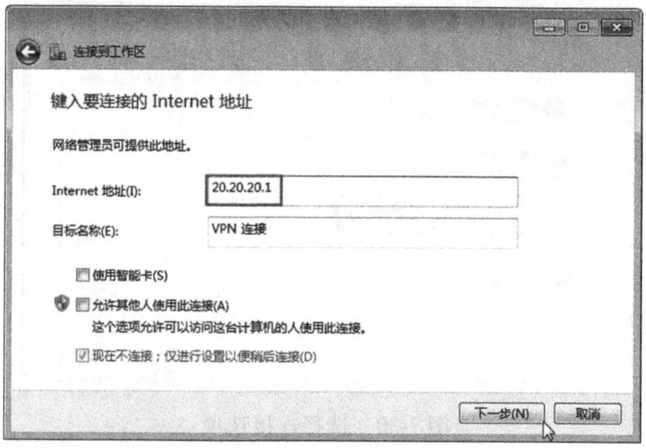

图 7-33　键入要连接的 Internet 地址

⑨如图 7-34 所示，在“键入您的用户名和密码”对话框中输入先前在 VPNServer 上创建的账户 ma 及其密码，单击“创建”按钮。

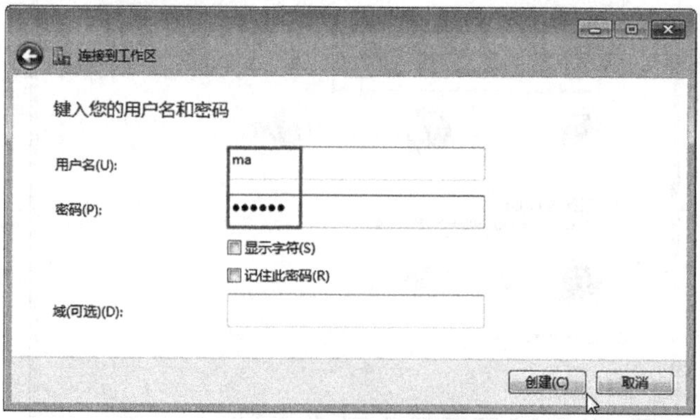

图 7-34　键入用户名和密码

⑩在弹出的“连接已经可以使用”窗口中单击“关闭”按钮。

⑪如图 7-35 所示，打开“网络连接”窗口，双击其中的“VPN 连接”图标，在“连接 VPN 连接”对话框中输入用户 ma 的密码，单击“连接”按钮。

图 7-35　连接 VPN 连接

⑫如图 7-36 所示，VPN 连接成功后，右击“VPN 连接”图标，选择“状态”命令。

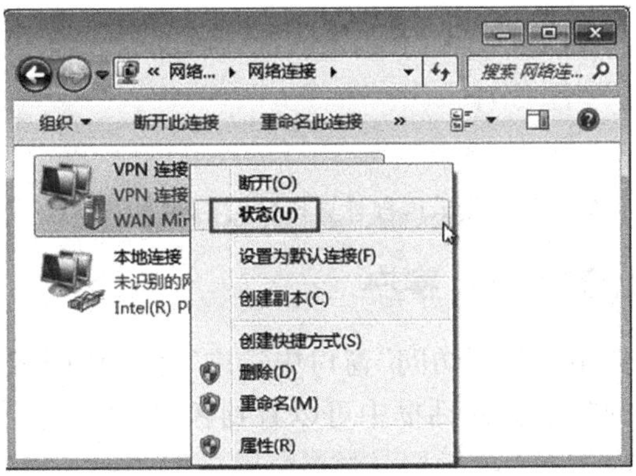

图 7-36　查看 VPN 连接状态

⑬如图 7-37 所示，在“VPN 连接状态”对话框中切换到“详细信息”选项卡，可以看到 VPN 客户端获得的 IP 地址为 192.168.10.26，该地址与内网 FTPServer 的 IP 地址在同一网段。

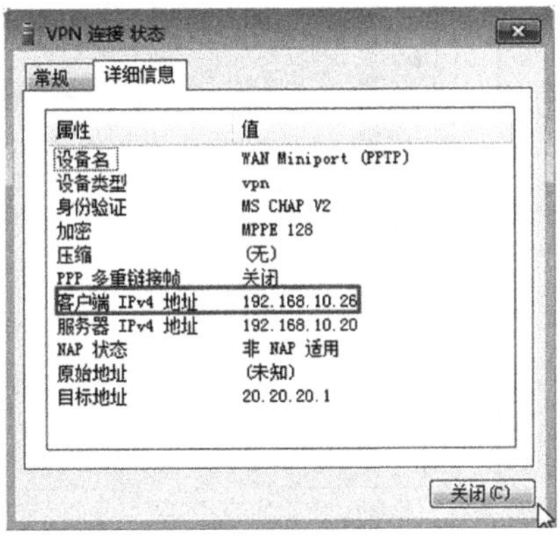

图 7-37　查看 VPN 连接详细信息

⑭如图 7-38 所示，VPN 拨入成功后，Win7 客户机已能 ping 通内网 FTPServer。

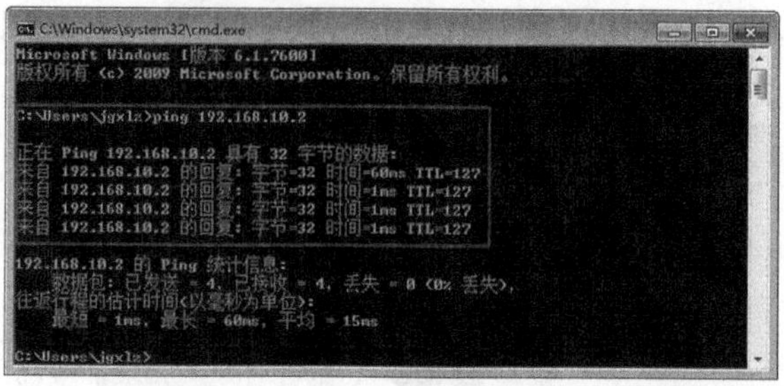

图 7-38　VPN 拨入后测试网络连通性

⑮如图 7-39 所示，在资源管理器地址栏中输入“ftp://192.168.10.2”，可以打开 FTPServer 上的 FTP 站点。

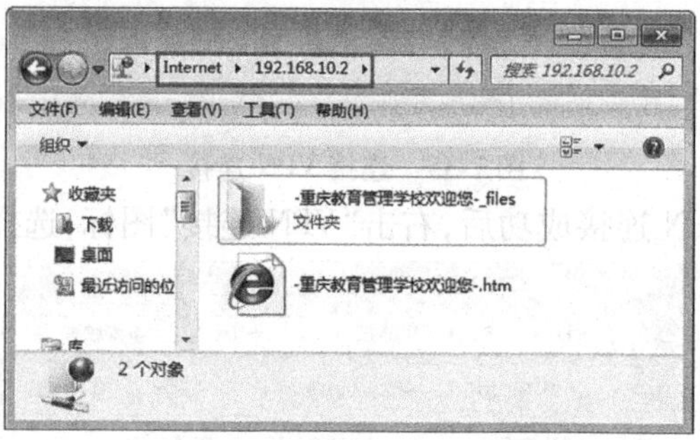

图 7-39　测试远程计算机访问内网 FTP 站点

7. 在 VPNServer 上查看 VPN 客户

如图 7-40 所示，在“路由和远程访问”窗口中选中“远程访问客户端”节点，双击右侧的远程访问客户端，在弹出的“状态”对话框中可以看到客户端的有关信息。

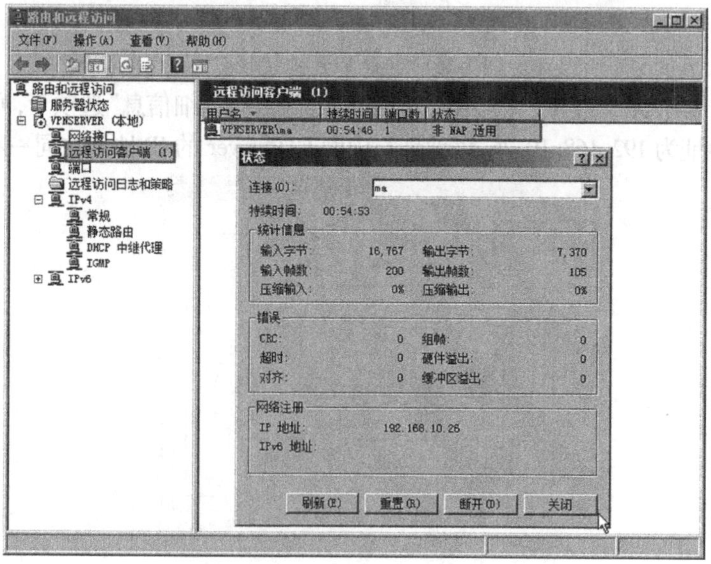

图 7-40　查看 VPN 客户端状态

任务小结

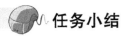

本任务介绍了 VPN 服务器及 VPN 客户端的配置方法。在配置运行 Windows Server 2008 R2 操作系统的计算机作 VPN 服务器时,若网络中没有配置 DHCP 服务器,就需要手工为 VPN 客户机指定一个 IP 地址范围,同时需要在 VPN 服务器创建一个可供客户机 VPN 拨入的 Windows 账户。

【练一练】

搭建 VPN 实验环境,实现 Win7 客户机 VPN 拨入后分配到的 IP 地址为 192.168.1.10—192.168.1.50。用 ping 命令测试 VPN 拨入前和拨入后客户机与内网主机的网络连通性。

模块实训

搭建路由和远程访问环境,将一台运行 Windows Server 2008 R2 操作系统的计算机配置为 NAT 服务器及 VPN 服务器,实现以下功能:

①内网主机能使用私有 IP 地址 10.10.1.0/24 以公网 IP 地址 11.11.1.1 访问 Internet 上 IP 地址为 11.11.1.2 上的 Web 站点;

②Internet 上 IP 地址为 11.11.1.2 的主机能访问内网 IP 地址为 10.10.1.2 上的共享文件夹。

完成上述配置与测试。

模块八

搭建域环境

王明是一家公司的网络管理员，随着业务的发展，公司的计算机数量和用户逐渐增多，且网络规模以后还会扩展。为了简化对网络的管理，减轻工作负担，同时提高网络的安全性，王明想到了构建域模式的网络。采用域模式管理网络，不仅可实现各种网络资源的集中管理，而且还可实现资源的便捷访问，允许用户一次登录网络就可以访问网络中该用户所有有访问权限的资源。在域环境下，还可以方便地利用活动目录强大的扩展性，允许从一个网络对象较少的小型网络发展成大型的网络。

学完本模块后，你将能够：

- 升级域控制器；
- 将计算机加入域；
- 进行域中的基本管理；
- 在域中发布共享资源。

任务一　升级域控制器

“域”(Domain)是指由特定的计算机构成的组合。该组合中的计算机由网络中的服务器严格控制能否加入。由于网络中的计算机是由服务器严格控制加入的,所以“域”环境的网络安全性较高。在“域”环境中,至少有一台服务器负责每一台连入网络的计算机和用户的验证工作,相当于门卫一样,称为“域控制器(Domain Controller,简写为 DC)”。

任务描述

本任务将为构建域环境奠定基础:将网络中一台运行 Windows Server 2008 R2 操作系统、名为 DCServer 的计算机升级为域控制器。升级完成后,查看升级后的变化。

【相关知识】

“Active Directory 域服务(Active Directory Domain Services,AD DS)”是 Windows Server 2008 操作系统推出后最受信息管理人员重视的一项功能,也是 Microsoft 针对越来越复杂的网络管理环境而推出的“目录服务”。AD DS 中包含并存储着网络资源相关信息的目录,以及让信息能够被访问的所有服务。这些信息包括用户属性、密码、打印机、服务器、数据库、用户组、计算机以及安全策略等。

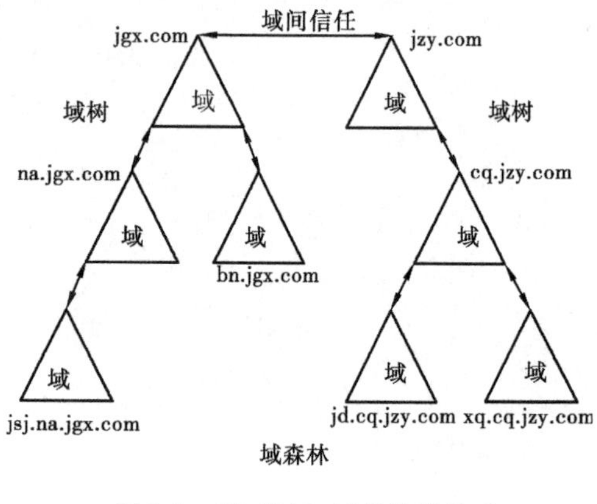

图 8-1　域、域树、域森林的关系

在 Windows Server 2008 R2 的网络环境下使用 AD DS 的主要优点是:允许网络用户利用“单点登录”,通过目录服务架构使用安全的方式来搜寻与访问所有被授权访问的网络资源。另外,对网络管理人员而言,AD DS 提供了一个安全有效的集中管理机制与架构。

AD DS 的逻辑架构属于分层式的架构,由“林”“树”“域”“组织单元”“全局编录”等多个组件组合而成。“域”是 AD DS 逻辑架构中的核心组件,被定义为“由一组计算机对象和其他对象组织而成的逻辑管理单位”。AD DS“树”的定义是“由一个或一个以上的 AD DS 域所组成的具有分层式连续性的名称空间”,而 AD DS“林”的定义是“由一个以上的 AD DS 树所组成的不连续的名称空间区域”。一个 AD DS 林内可以包含多个域树,而每个域树都有独立的名称空间。虽然组成林的不同域树的域名并不共享林根域的域名,但可以通过在域间自动建立信任关系来达成资源共享的目标。

域、域树、域森林之间的关系如图 8-1 所示。

任务分析

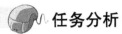

要将一台运行 Windows Server 2008 R2 的独立服务器升级为域控制器，应该在其上安装 AD DS。安装 AD DS 有两种方法：一是通过“服务器管理器”中的“添加角色”，搭配执行“Active Directory 域服务安装向导”以安装 AD DS；二是在命令提示符下执行“dcpromo. exe”命令来安装。

任务实施

1. 准备工作

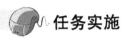

设置 DCServer 的 IP 地址为 192. 168. 10. 1，子网掩码为 255. 255. 255. 0，首选 DNS 服务器地址设置为本机的 IP 地址：192. 168. 10. 1。

2. 将 DCServer 升级为域控制器

①执行“开始”→“运行”命令，在打开的“运行”对话框中输入“dcpromo”命令，单击“确定”按钮。

②在打开的“欢迎使用 Active Directory 域服务安装向导”对话框中单击“下一步”按钮。

③在打开的“操作系统兼容性”对话框中单击“下一步”按钮。

④如图 8-2 所示，在“选择某一部署配置”对话框中选中“在新林中新建域”单选按钮，单击“下一步”按钮。

⑤如图 8-3 所示，在“命名林根域”对话框中输入目录林根级域的完全限定的域名“jgx. com”，单击“下一步”按钮。

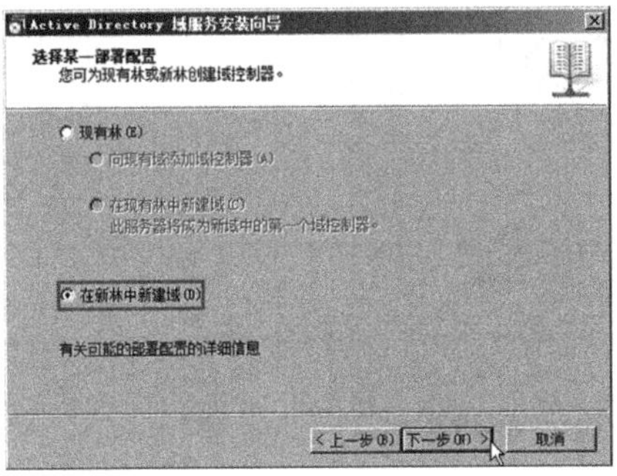

图 8-2　选择部署配置

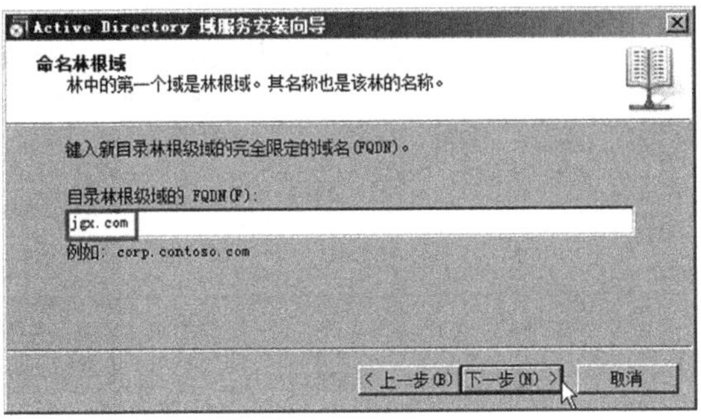

图 8-3　命名林根域

⑥如图 8-4 所示，在“设置林功能级别”对话框中选择林功能级别为“Windows Server 2008 R2”，单击“下一步”按钮。

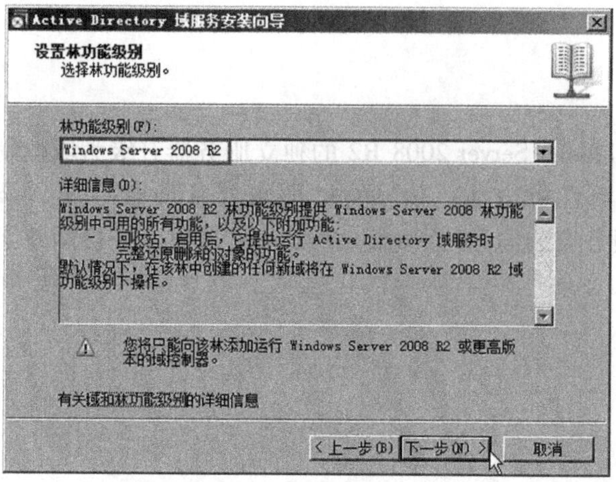

图 8-4　设置林功能级别

小提示

- 选择林功能级别后，将无法向该林中添加运行低于此级别的域控制器。

⑦如图 8-5 所示，在“其他域控制器选项”对话框中选择“DNS 服务器”复选框，并在弹出的对话框中单击“是”按钮，然后单击“下一步”按钮。

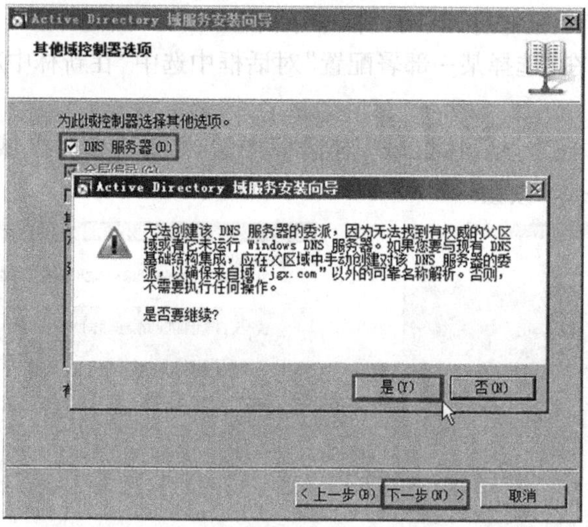

图 8-5　选择安装 DNS 服务

⑧在“数据库、日志文件和 SYSVOL 的位置”对话框中保持默认设置，单击“下一步”按钮。

⑨如图 8-6 所示，在“目录服务还原模式的 Administrator 密码”对话框中输入密码，单击“下一步”按钮。

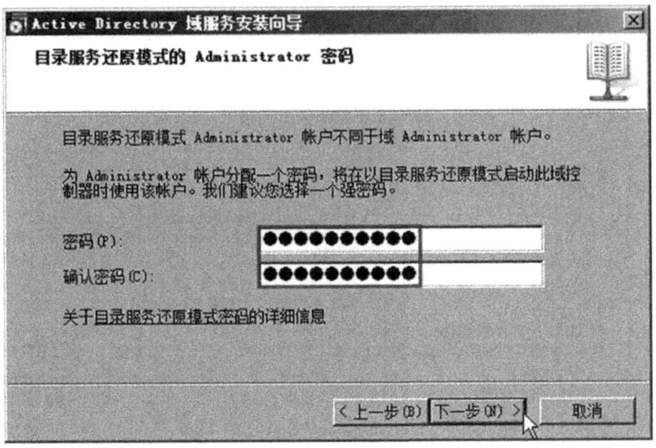

图 8-6　设置目录服务还原模式的 Administrator 密码

⑩在弹出的“摘要”对话框中单击“下一步”按钮。

⑪在“完成 Active Dircetory 域服务安装向导”对话框中单击“完成”按钮。

⑫最后单击“立即重新启动”按钮。

3. 查看 DCServer 升级后的变化

①如图 8-7 所示，打开“计算机名/域更改”对话框，可以看到计算机全名为“DCServer. jgx. com”，已加上域名后缀“jgx. com”，且计算机所属的“域”或“工作组”已不能更改。

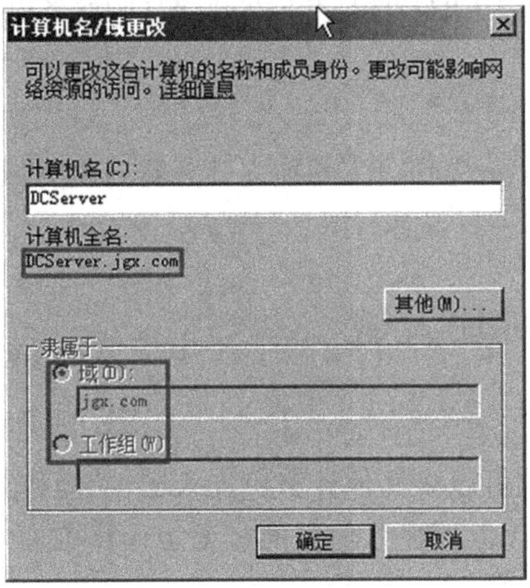

图 8-7　计算机名/域更改

②如图 8-8 所示，在“开始”→“管理工具”菜单中增加了几个与“Active Directory”相关的命令。

图 8-8　Active Directory 工具

③如图 8-9 所示，在“服务器管理器”控制台树的“配置”节点下方已没有了“本地用户和组”子节点。

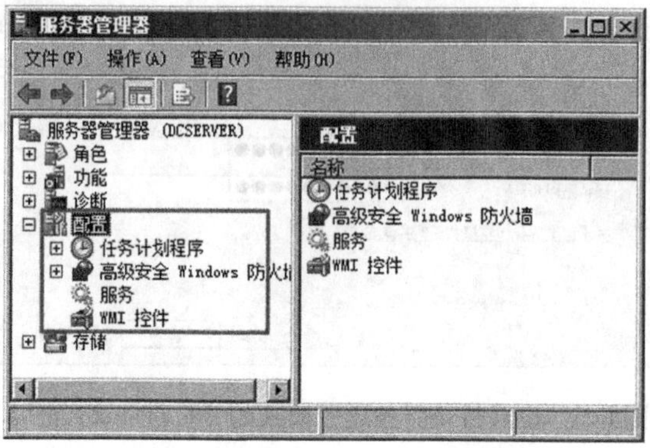

图 8-9 “本地用户和组”已不存在

任务小结

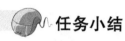

本任务完成了域控制器的安装，它是构建域模式网络的基础。只有在 Windows Server 系列系统上安装活动目录之后，该计算机才成为域控制器。活动目录与 DNS 集成，安装活动目录时默认会自动安装 DNS 服务，用于网络中的其他计算机定位域控制器及访问其他服务器。

【练一练】

将一台运行 Windows Server 2008 R2 的独立服务器升级为域控制器，域名为“abc. com”。

任务二 将计算机加入域

域控制器升级成功后，就可以将其他计算机加入域，从而构建域模式的网络。将计算机加入域的过程其实就是和域控制器建立信任的过程。计算机加入域后可以很好地管理权限及计算机资源，提高网络安全性。

任务描述

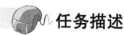

本任务网络拓扑如图 8-10 所示，图中 DCServer 是 jgx. com 域的域控制器。本任务的目标是将 Win7A 和 Win7B 两台运行 Windows 7 操作系统的独立计算机加入 jgx. com 域，从而构建一个简单的域环境。

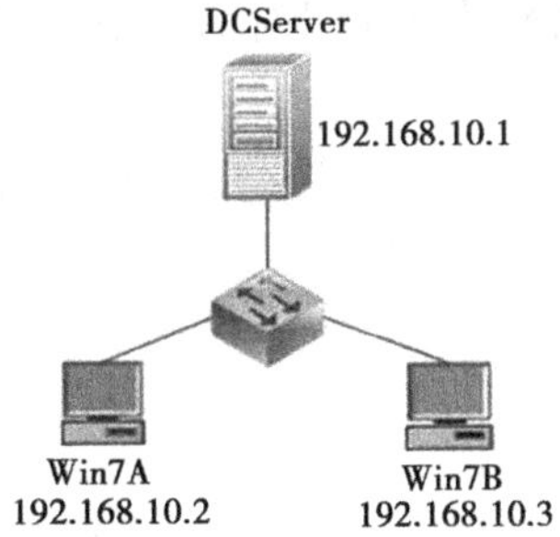

图 8-10　网络拓扑图

任务分析

Win7 计算机加入域之前,应确保域的控制器已经建立好,同时应将本机的首选 DNS 服务器地址设置为域控制器的 IP 地址,以便能联系到域控制器。计算机加入域是通过修改系统属性来实现的,且加入域时必须提供有权限加入该域的账户。

任务实施

1. 设置 Win7A 的 IP 地址及 DNS 服务器地址

设置 Win7A 的 IP 地址为 192.168.10.2,子网掩码为 255.255.255.0,首选 DNS 服务器地址为 DCServer 的 IP 地址:192.168.10.1。

2. 将 Win7A 加入域

①如图 8-11 所示,打开"系统属性"对话框,在"计算机名"选项卡中单击"更改"按钮。

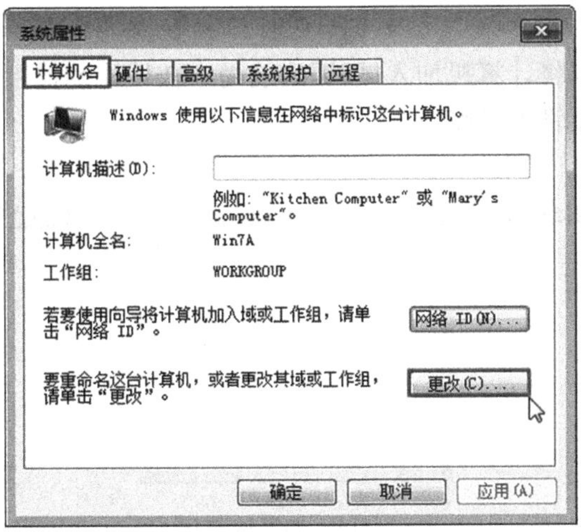

图 8-11　查看系统属性

②如图 8-12 所示,在“计算机名/域更改”对话框中选中“域”单选按钮,在下方的文本框中输入“jgx. com”,单击“确定”按钮。

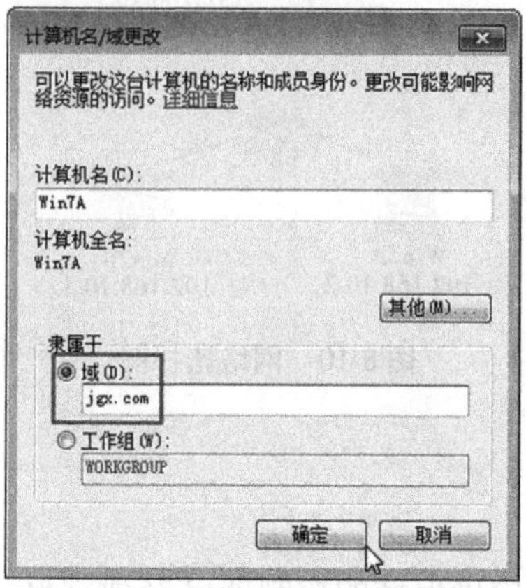

图 8-12　指定计算机加入的域名称

③如图 8-13 所示,输入有权限加入该域的账户名称和密码,单击“确定”按钮。

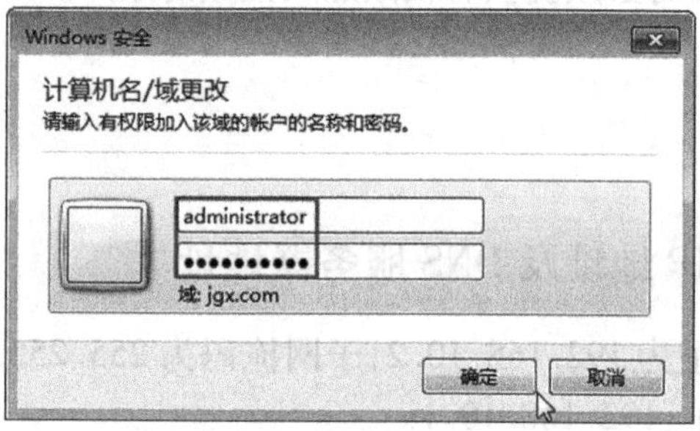

图 8-13　输入域账户名称及密码

小提示

- 普通域用户也有权将计算机加入域,因之前尚未在域控制器上建立其他域用户,因此目前只能使用域管理员账户。

④如图 8-14 所示,出现“欢迎加入 jgx. com 域”提示,单击“确定”按钮。

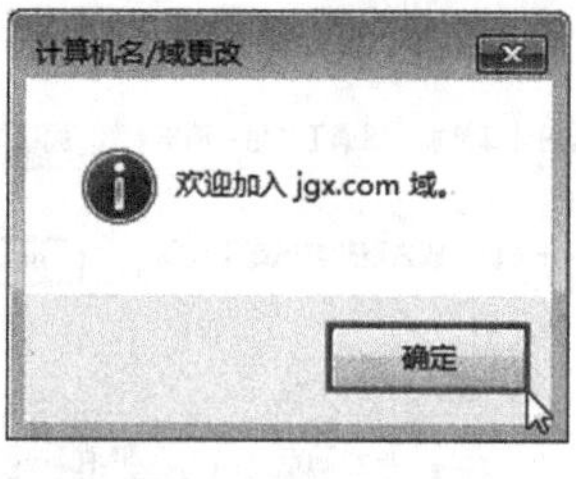

图 8-14　加入域成功

⑤在弹出“必须重新启动计算机才能应用这些更改”提示时,单击“确定”按钮。

⑥关闭“系统属性”对话框，在弹出的对话框中单击“立即重新启动”按钮。

3. 在 Win7A 上首次登录域

①加入域完成后，重新启动系统，按“CTRL + ALT + DELETE”登录。

②如图 8-15 所示，默认登录用户是本机上的管理员用户，单击“切换用户”按钮。

图 8-15　准备登录 Windows

③如图 8-16 所示，单击“其他用户”按钮。

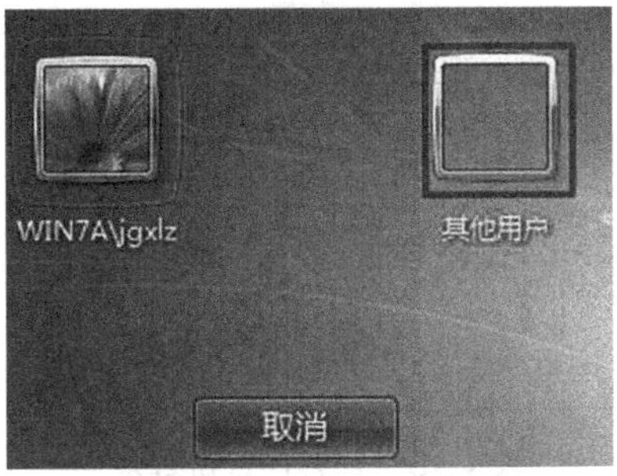

图 8-16　选择登录用户

④如图 8-17 所示，输入域管理员账户名和密码，单击“”按钮。

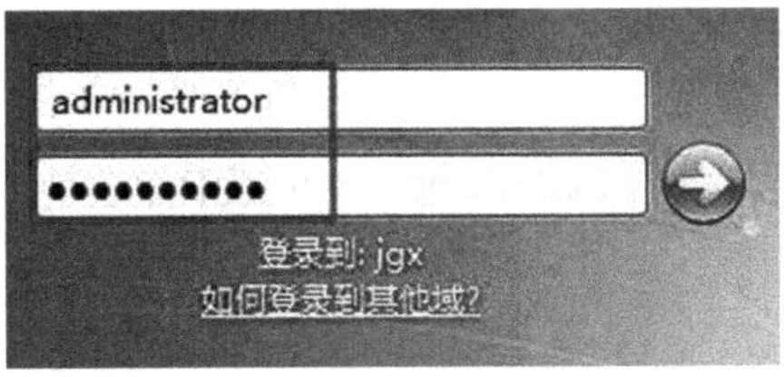

图 8-17　输入域管理员账户名及密码

⑤如图 8-18 所示，域用户首次登录时桌面一片空白，只有“回收站”图标。

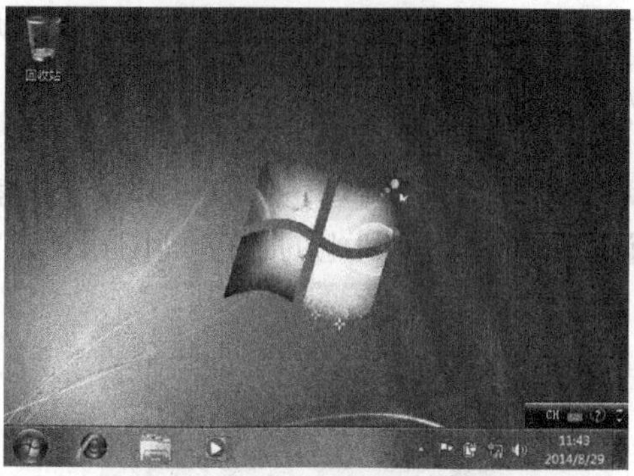

图 8-18　首次登录域的桌面

⑥如图 8-19 所示,查看 Win7A 系统属性,可见其计算机全名中已加上域名后缀 jgx. com,表明该计算机已加入 jgx. com 域中。

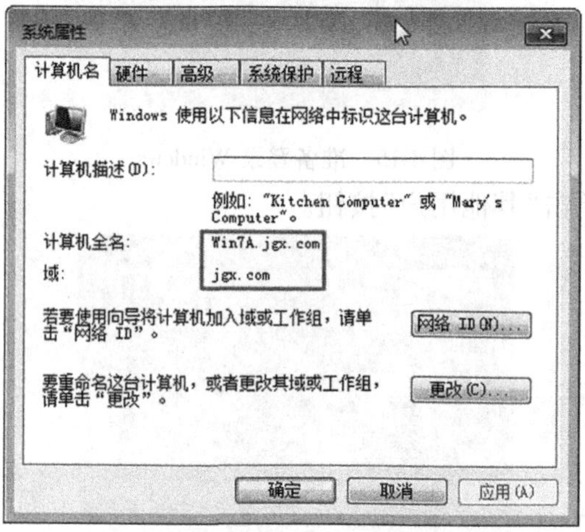

图 8-19　查看计算机全名

4. 将 Win7B 加入域

①设置 Win7B 计算机的 IP 地址为 192. 168. 10. 3,子网掩码为 255. 255. 255. 0,首选 DNS 服务器地址为 192. 168. 10. 1。

②用同样的方法将 Win7B 计算机加入 jgx. com 域中。

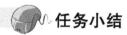

任务小结

本任务介绍了将计算机加入域的方法。计算机加入域后,其计算机全名中将加上域名后缀,登录时可以选择是登录本机还是登录域。登录本机使用本地用户,登录域使用域用户。登录本机的用户名使用"本机计算机名\本地用户名"格式,登录域的用户名使用"域的 NetBIOS 名\域用户名"或"域用户名@ 域名"格式。

【练一练】

将运行 Windows 7 和 Windows XP 操作系统的计算机加入"abc. com"域中,并用域管理员身份登录到域,体会操作上的差异。

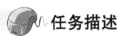

任务三　域控制器的基本管理

域控制器是整个域的核心,它存储着所有域用户的账户信息,负责用户登录域的身份验证。域控制器上的基本管理包括域用户、用户组、组织单位、共享文件夹等的管理。

任务描述

本任务将介绍域环境中组织单位、域用户、域用户组的管理操作,完成后将在 Win7A 及 Win7B 上进行相应测试。

【相关知识】

OU(Organizational Unit,组织单位)是可以将用户、组、计算机和其他组织单位放入其中的 Active Directory 容器,是可以指派组策略设置或委派管理权限的最小作用域或单元。通俗一点说,如果把 Active Directory 比作一个企业的话,那么每个 OU 就是一个相对独立的部门。

在域中根据组的使用范围,可以分为 3 种:全局组、本地域组和通用组。

全局组主要是用来组织用户的。全局组内可以包含同一个域的用户账户与全局组,可以访问任何一个域内的资源。

本地域组具有所属域的访问权限,以便访问本域的资源。本地域组的成员可以是同一个域的本地域组,也可以是任何域内的账户、全局组和通用组,他们能访问的资源只是该本地域组所在域的资源。

通用组可以访问任何一个域内的资源,可以包含所有域内的用户账户、全局组和通用组。

任务分析

可以利用"Active Directory 用户和计算机"工具来管理域用户、计算机、用户组、组织单位等对象。组织单位是容器,可以在其中放入用户、计算机、用户组等对象。

任务实施

1. 新建组织单位

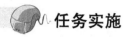

①打开 DCServer，执行“开始”→“管理工具”→“Active Directory 用户和计算机”命令，打开“Active Directory 用户和计算机”管理工具。

②如图 8-20 所示，右击左侧的“jgx. com”节点，选择“新建”→“组织单位”命令。

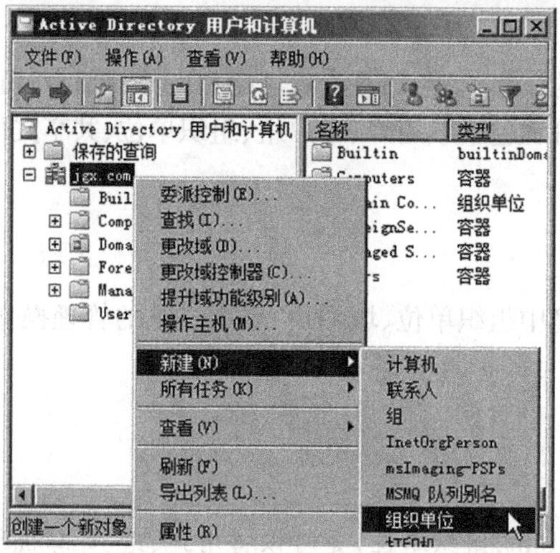

图 8-20　新建组织单位

③如图 8-21 所示，输入组织单位的名称“财务部”，单击“确定”按钮。

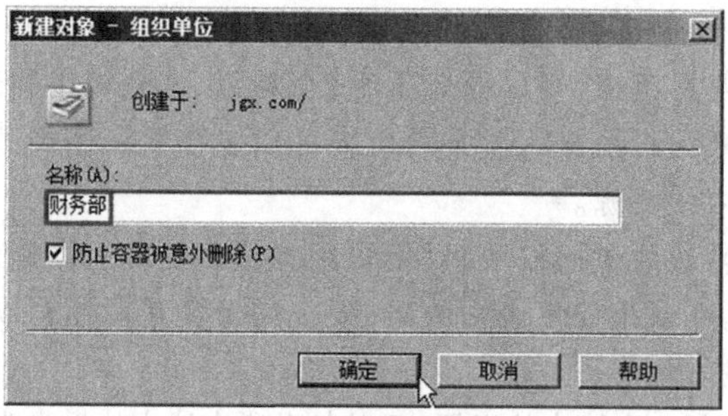

图 8-21　输入组织单位名称

④用同样的方法新建组织单位“计算机部”。

2. 新建用户

①如图 8-22 所示，在“Active Directory 用户和计算机”窗口中右击“Users”节点，选择“新建”→“用户”命令。

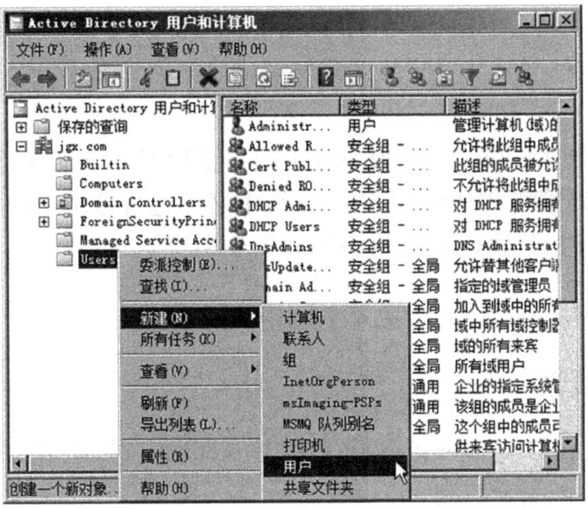

图 8-22　新建用户

②如图 8-23 所示，输入用户的姓、名及登录名，单击“下一步”按钮。

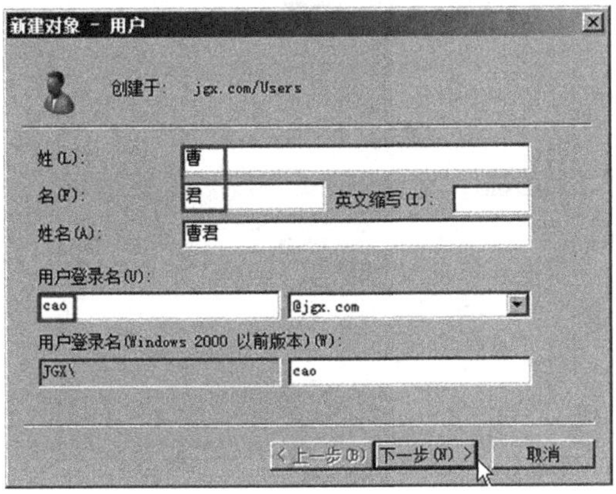

图 8-23　输入用户信息

③如图 8-24 所示，输入用户密码，清除“用户下次登录时须更改密码”复选框，选择“用户不能更改密码”和“密码永不过期”复选框，单击“下一步”按钮。

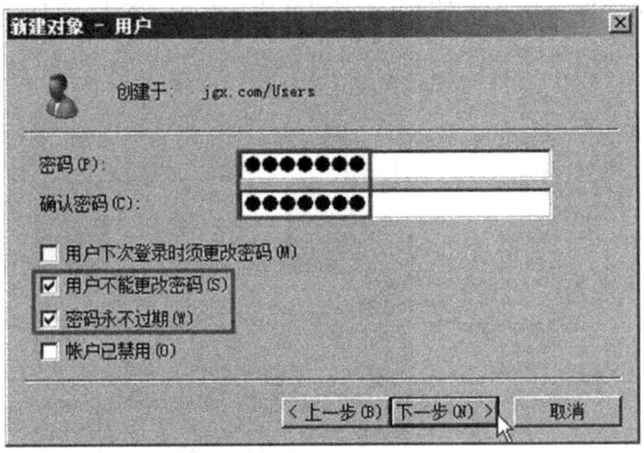

图 8-24　用户密码设置

④最后单击“完成”按钮，完成用户 cao 的创建。

小提示

- 在域控制器上创建用户时，由于默认启用了“密码必须符合复杂性要求”和“密码长度最小值”密码策略，因此要求用户密码中必须包含数字、大写字母、小写字母及特殊符号中的3种，且密码长度最小值为7个字符。

⑤继续新建用户 Ma、Wu、Yan，完成4个域用户的创建。

3. 设置域用户属性

①如图8-25所示，在 DCServer 上新建文件夹 profile 并共享，共享名为“profile$”，共享权限设置为允许 everyone 完全控制。

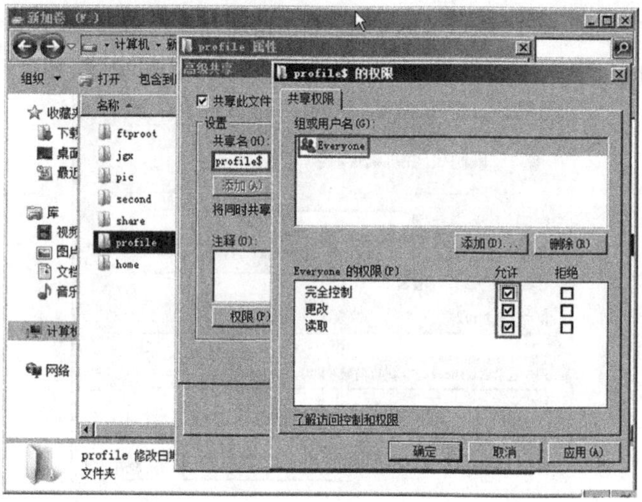

图8-25　建立隐藏共享 profile$

②用同样的方法新建文件夹 home 并共享，共享名为“home$”，共享权限设置为允许 everyone 完全控制。

③如图8-26所示，同时选中刚新建的4个用户，右击选中的用户，选择“属性”命令。

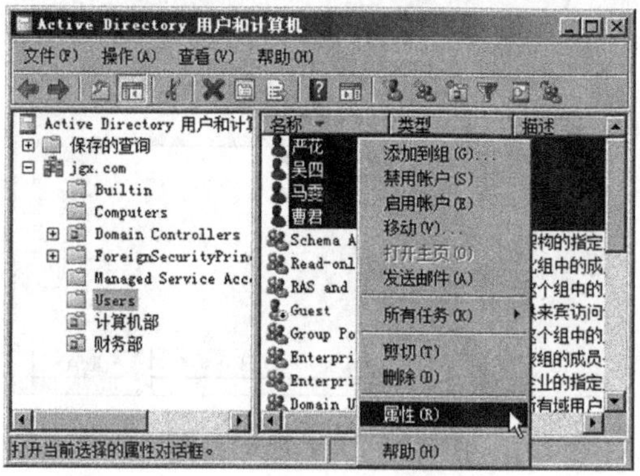

图8-26　设置多个用户属性

④如图 8-27 所示,在“多个项目属性”对话框中切换到“账户”选项卡,勾选“登录时间”复选框,单击“登录时间”按钮。

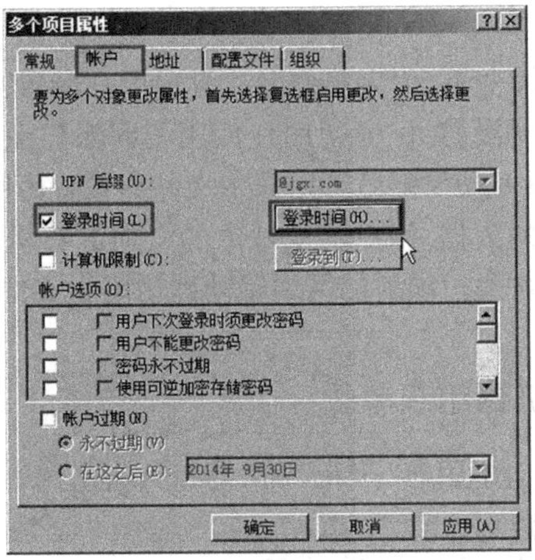

图 8-27　启用登录时间限制

⑤如图 8-28 所示,设置用户允许登录时间为工作日的“8:00—12:00”及“14:00—18:00”。

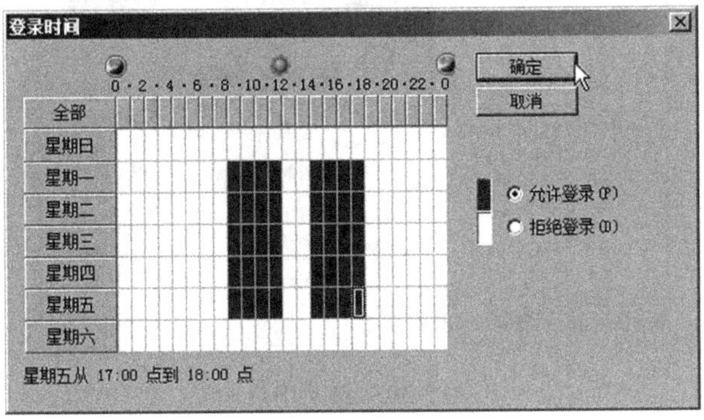

图 8-28　设置用户允许登录时间

⑥如图 8-29 所示,切换到“配置文件”选项卡,设置用户配置文件路径为“\\dcserver\profile$ \% username% ”,设置用户主文件夹路径为“\\dcserver\home$ \% username% ”。

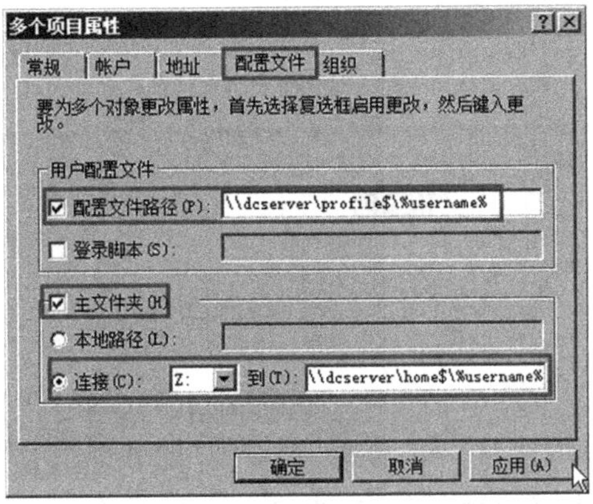

图 8-29　设置用户配置文件及主文件夹

小提示

- “%username%”为环境变量，代表用户名。设置用户配置文件路径为网络路径，可以实现用户配置文件的漫游，保证了用户使用相同账户在不同的计算机上登录域时，仍可使用相同的桌面操作环境。用户主文件夹设置为网络路径，可集中在服务器上备份用户所存储的数据，用户可从域内的任何计算机存取到所属的主文件夹数据。用户登录域后可通过映射的网络驱动器访问主文件夹，方便了用户的使用。

4. 移动用户和计算机到组织单位

①如图 8-30 所示，同时选中用户“严花”和“吴四”，右击选中的用户，选择“移动”命令。

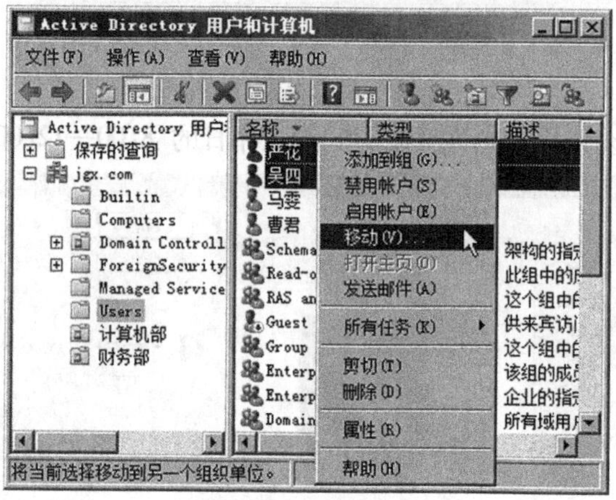

图 8-30 移动用户

②如图 8-31 所示，在“移动”对话框中选中“计算机部”组织单位，单击“确定”按钮。

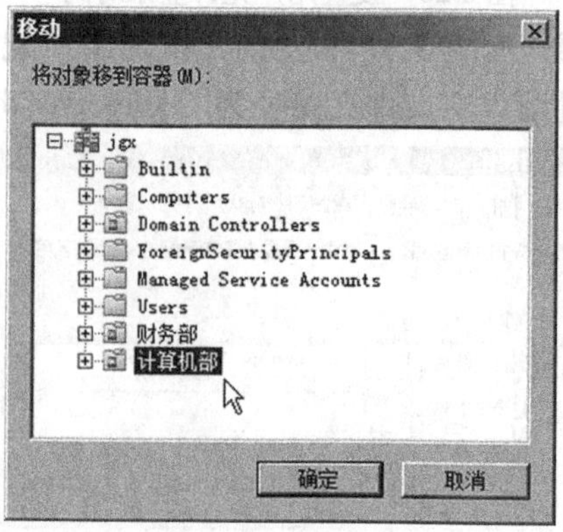

图 8-31 选择目标容器

③用同样的方法将用户“曹君”和“马雯”移动到“财务部”组织单位。

④如图 8-32 所示，选中左侧的“Computers”节点，在右侧同时选中计算机 Win7A 和 Win7B，右击选中的计算机，选择“移动”命令。

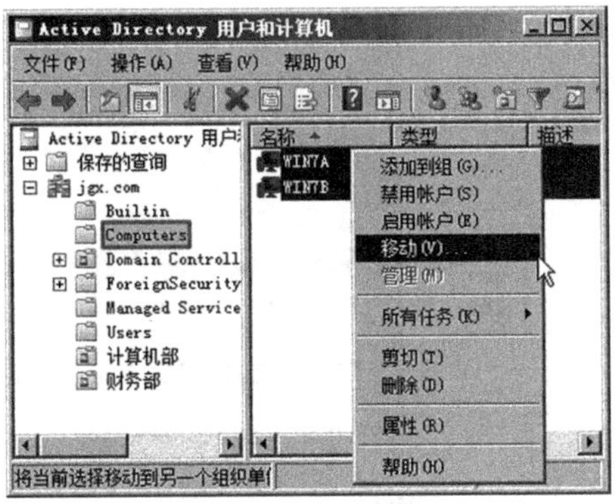

图 8-32　移动计算机

⑤在“移动”对话框中选中“计算机部”组织单位，单击“确定”按钮，将 Win7A 和 Win7B 移动到“计算机部”组织单位。

5. 新建用户组并添加成员

①如图 8-33 所示，右击“计算机部”组织单位，选择“新建”→“组”命令。

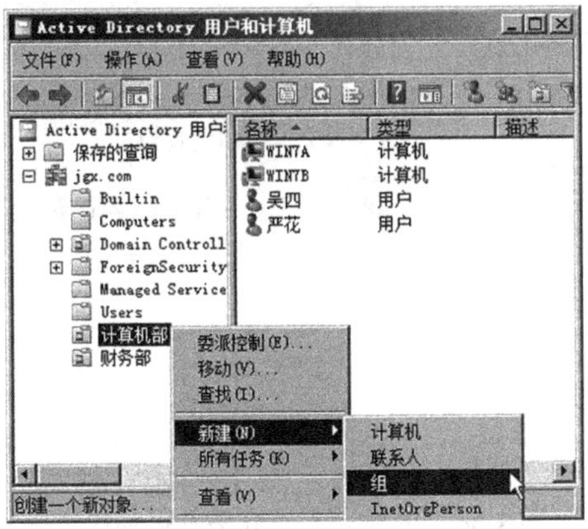

图 8-33　新建组

②如图 8-34 所示，输入组名“jsjb”，选中“全局”和“安全组”单选按钮，单击“确定”按钮。

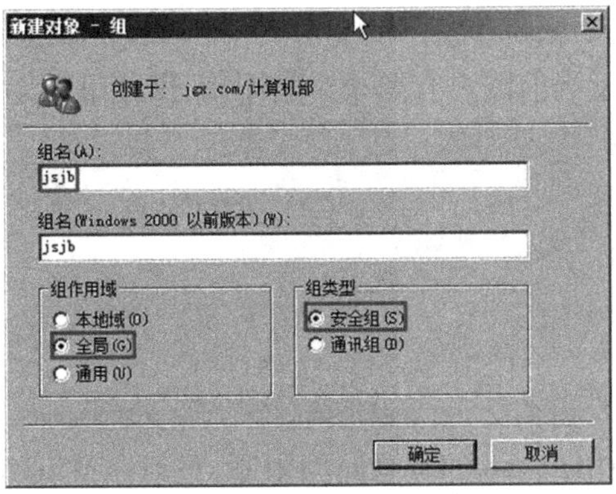

图 8-34　输入组信息

③如图 8-35 所示，为 jsjb 组添加成员 wu 和 yan。

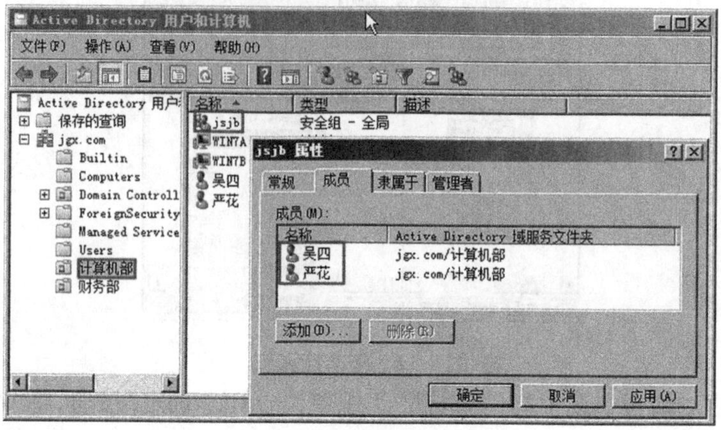

图 8-35　为 jsjb 组添加成员

④如图 8-36 所示，在财务部组织单位中新建 cwb 全局组，并为其添加成员 cao 和 ma。

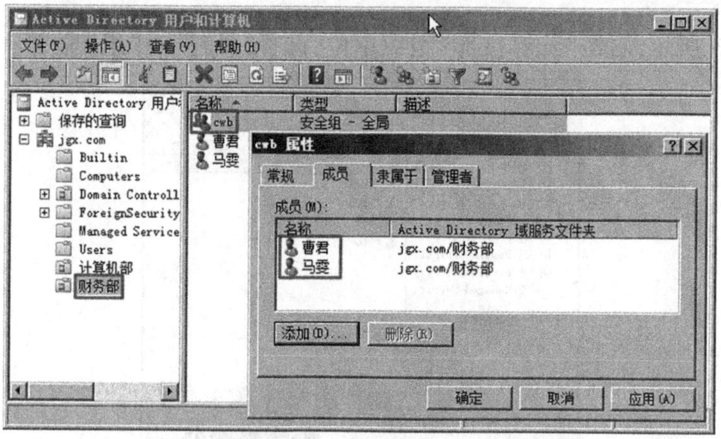

图 8-36　创建 cwb 组并为其添加成员

6. 域用户登录测试

①在 Win7A 上用域用户 cao 登录。

②如图 8-37 所示，由于当前账户有登录时间限制，因此出现无法登录的提示。

图 8-37　有登录时间限制，用户无法登录

③在 DCServer 上取消用户 cao 的登录时间限制，重新在 Win7A 上登录。

④如图 8-38 所示，在 Win7A 上打开“计算机”窗口，可以看到映射的网络驱动器 Z。

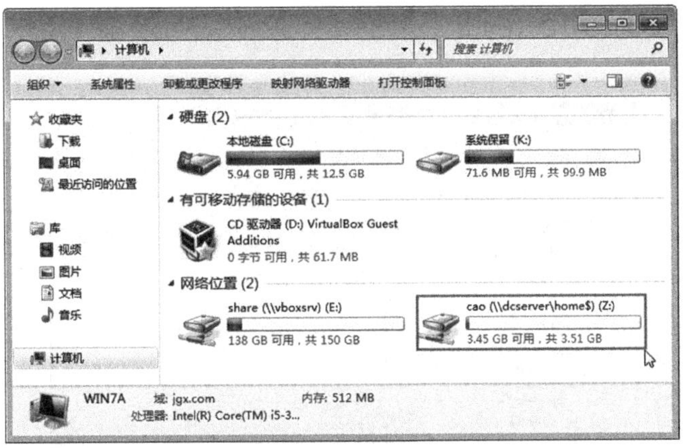

图 8-38　用户主文件夹映射网络驱动器成功

⑤如图 8-39 所示，更改 Win7A 的桌面背景，然后注销。

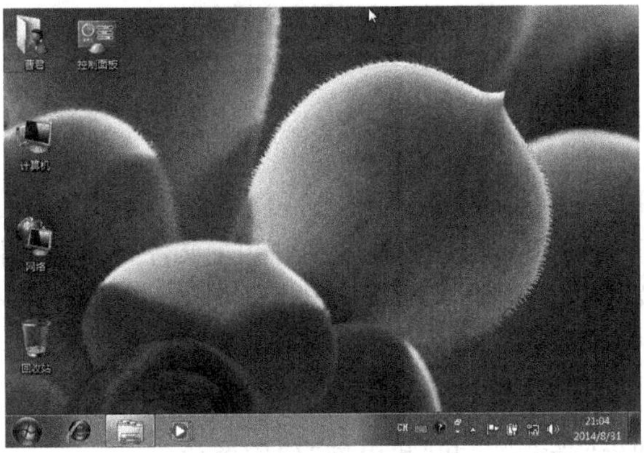

图 8-39　更改桌面背景

⑥在 Win7B 上同样用 cao 登录，会发现桌面背景已改为与图 8-39 相同，表明用户 cao 的用户配置文件漫游成功。

⑦如图 8-40 所示，在 DCServer 上打开 home 文件夹，可以看到该文件夹下已自动建立与用户登录名同名的文件夹。

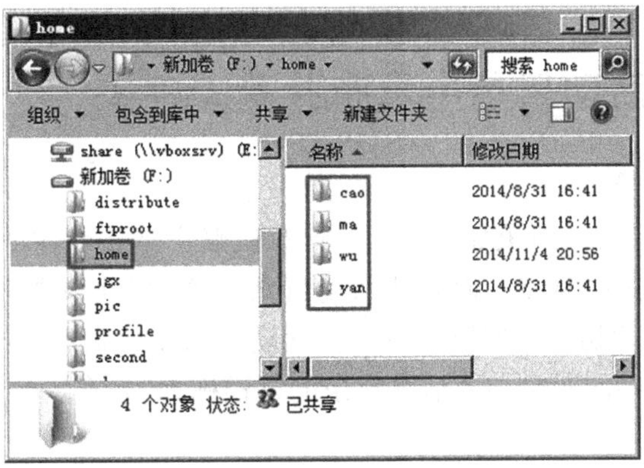

图 8-40　验证用户主文件夹

⑧如图 8-41 所示,在 DCServer 上打开 profile 文件夹,可以看到用户 cao 的用户配置文件夹 cao. V2。

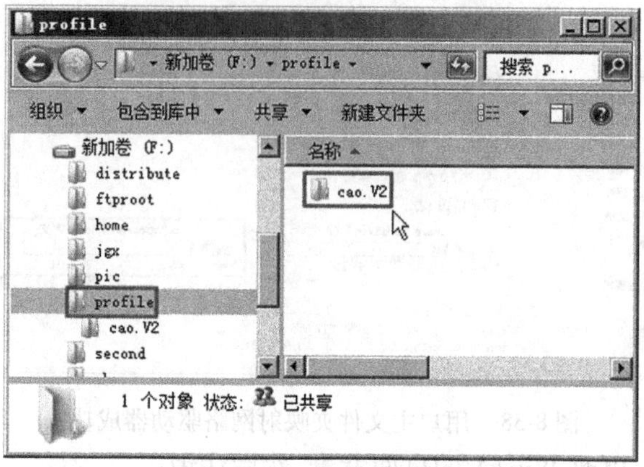

图 8-41　验证用户配置文件夹

任务小结

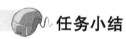

本任务介绍了域用户、组、组织单位的管理,可以将计算机、用户、用户组放置在组织单位容器中,以便于管理。通过设置域用户配置文件和主文件夹为网络路径,实现了域用户桌面环境的统一及私人文件的安全存储,为用户提供了更加方便的使用环境。

【练一练】

1. 在域控制器上建立“学前部”和“机电部”组织单位。
2. 在“学前部”组织单位中新建用户 nd 和 xz,在“机电部”组织单位中新建用户 lr 和 bj。
3. 设置用户允许登录时间为工作日的“9:00—17:00”。
4. 在“学前部”组织单位中新建全局组 xqb,将用户 nd 和 xz 加入其中。在“机电部”组织单位中新建全局组 jdb,将用户 lr 和 bj 加入其中。

任务四　在活动目录中发布共享文件夹

我们知道,有些活动目录对象如用户、组、计算机账户默认就在 AD 中,用户可以直接利用 AD 搜索工具来访问这些对象。而有些活动目录对象(如共享文件夹),默认是不在活动目录中的。如果要让用户访问这些默认没有在活动目录中的资源,必须把它们加入 AD 中。我们把默认没有在 AD 中的对象加入活动目录的过程称为“发布”。

任务描述

本任务将位于域中计算机 Win7A 和 Win7B 上的文件夹共享并发布到活动目录，以便用户查找和访问它们。

任务分析

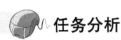

本任务将用两种方式在活动目录中发布共享文件夹。发布位于 Win7A 上的共享文件夹时，先在 Win7A 上共享，然后在 DC 上的容器中发布。发布 Win7B 上的共享文件夹时，利用的是“计算机管理工具”，利用“创建共享文件夹向导”完成共享文件夹的创建，然后将其在 AD 发布。

任务实施

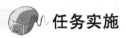

1. 在 Win7A 上建立共享，在 DCServer 上发布

①在 Win7A 上以本地管理员身份登录。

②建立文件夹 Win7Atest 并设置高级共享。

③如图 8-42 所示，为 Win7Atest 添加域用户或组共享权限时弹出“输入网络密码”对话框，输入域用户账户即可。

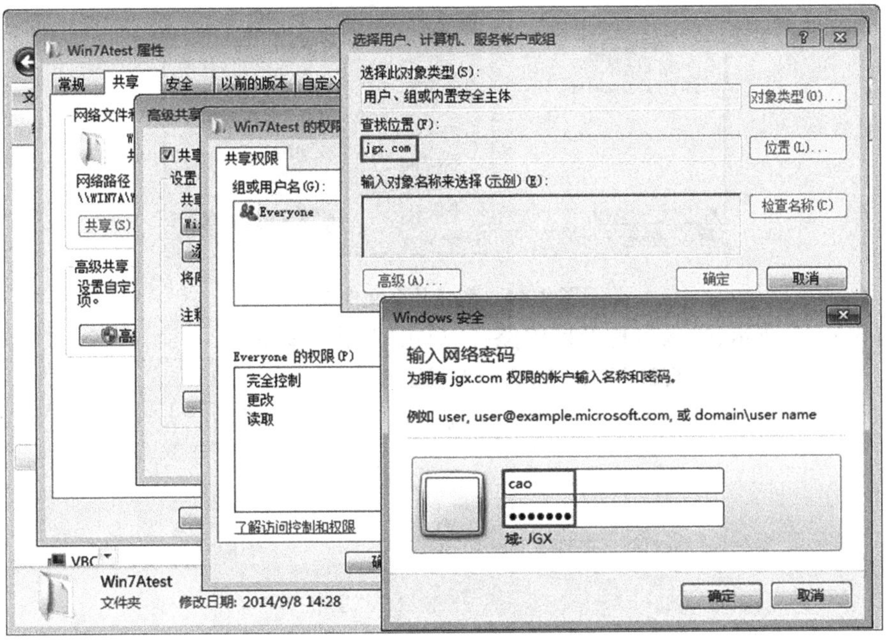

图 8-42　输入域用户账户

④如图 8-43 所示，添加域全局组 jsjb 的共享权限为“完全控制”。

图 8-43　设置共享权限

⑤在 DCServer 上，打开“Active Directory 用户和计算机”管理工具。

⑥如图 8-44 所示，选中左侧的“计算机部”组织单位，右击右侧空白处，选择“新建”→“共享文件夹”命令。

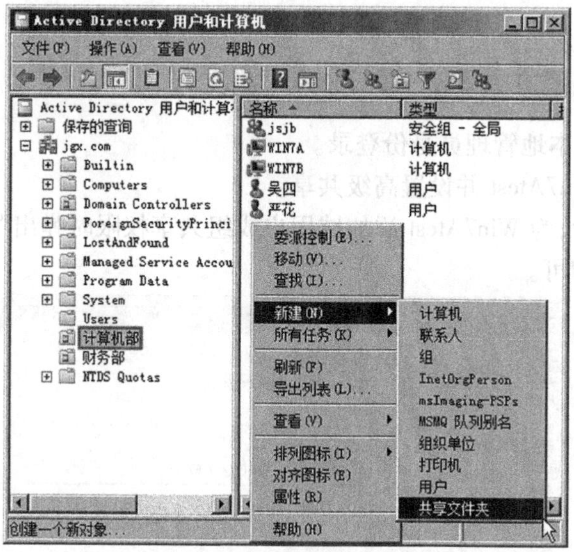

图 8-44　新建共享文件夹

⑦如图 8-45 所示，输入名称及网络路径，单击“确定”按钮。

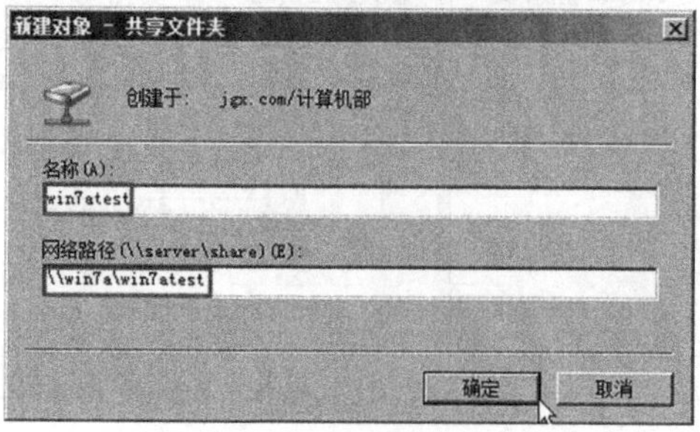

图 8-45　键入共享文件夹信息

⑧如图 8-46 所示，Win7A 上的共享文件夹在活动目录中发布完成。

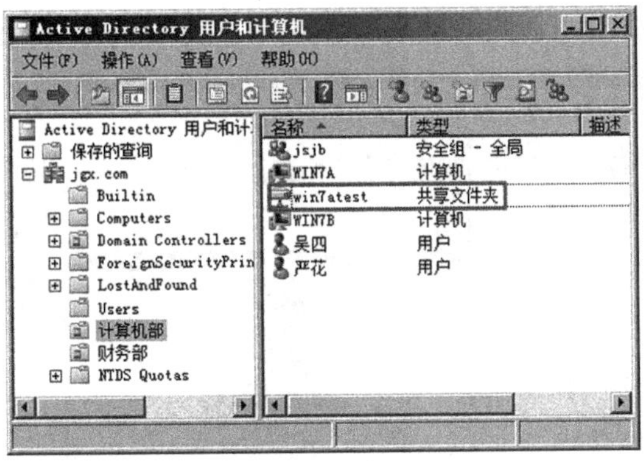

图 8-46　共享文件夹发布完成

2. 在 DCServer 上利用计算机管理工具建立并发布共享

①以域管理员身份登录 DCServer。

②如图 8-47 所示，在“Active Directory 用户和计算机”窗口中右击要建立并发布共享的计算机 WIN7B，选择“管理”命令。

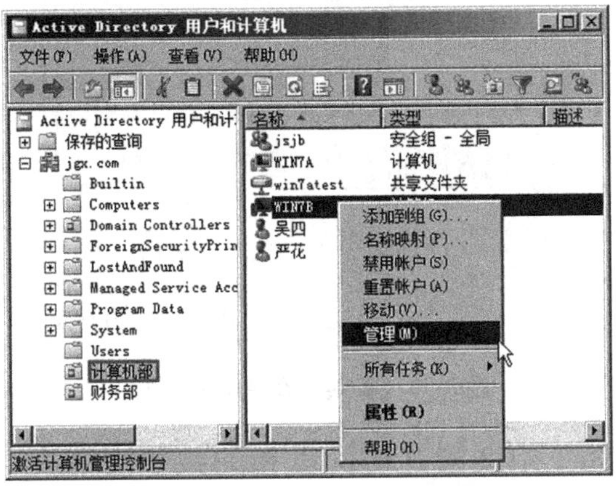

图 8-47　远程管理计算机

③如图 8-48 所示，在打开的“计算机管理”窗口中选中左侧的“共享”节点，再右击右侧空白处，选择“新建共享”命令。

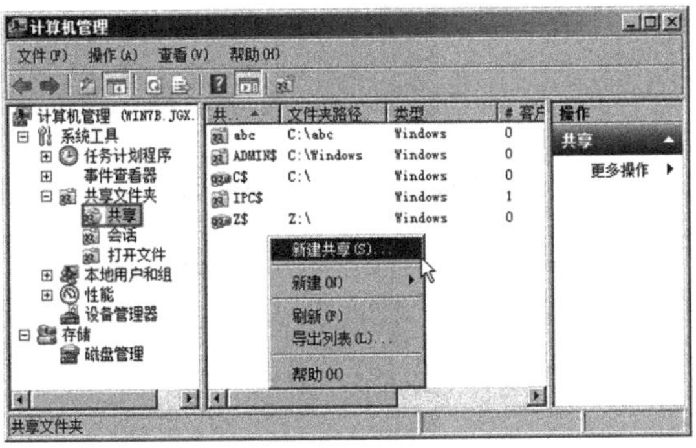

图 8-48　新建共享

④利用“创建共享文件夹向导”完成共享文件夹 win7btest 的创建。

⑤如图 8-49 所示，右击刚新建的共享 win7btest，选择“属性”命令。

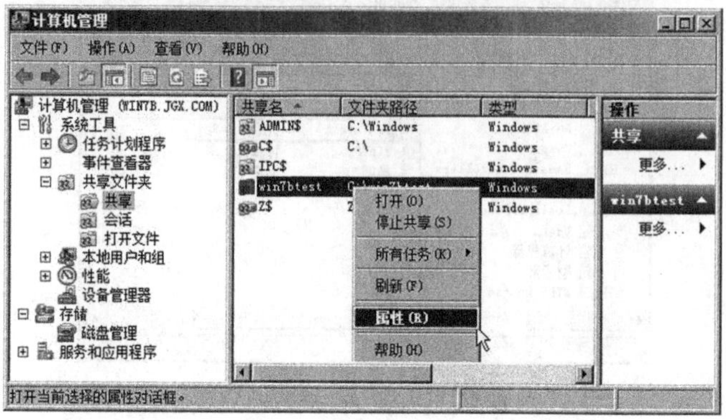

图 8-49　打开共享属性

⑥如图 8-50 所示，在共享属性对话框中切换到“发布”选项卡，选中“将这个共享在 Active Directory 中发布”复选框，单击“确定”按钮。

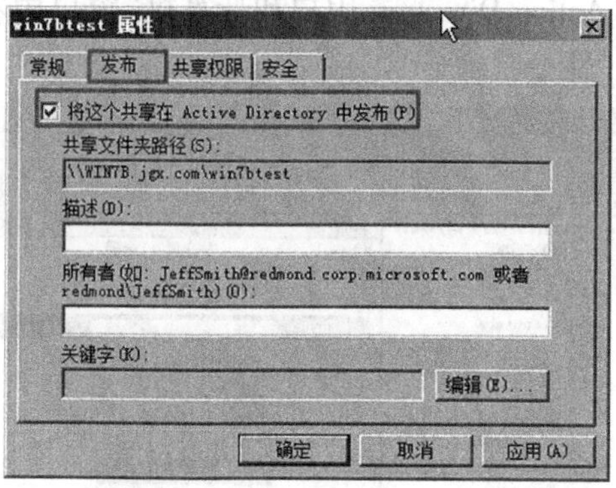

图 8-50　将共享在 AD 中发布

3. 在 Active Directory 中搜索并访问发布的共享文件夹

①在 Win7A 上以域用户 Wu 登录，双击桌面“网络”图标。

②如图 8-51 所示，在“网络”窗口中单击“搜索 Active Directory”按钮。

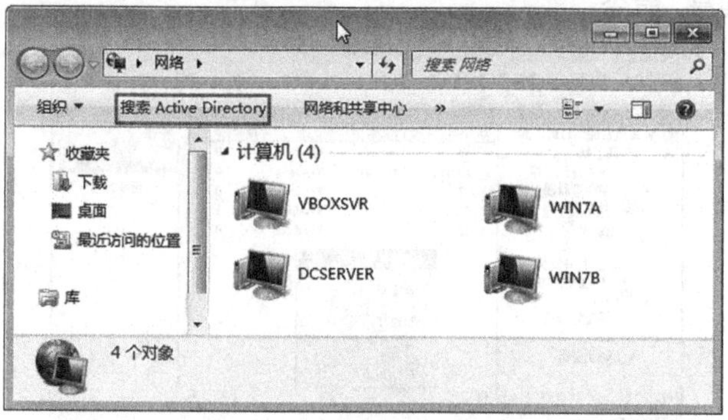

图 8-51　搜索 Active Directory

③如图 8-52 所示，选择“查找”对象为“共享文件夹”，单击“开始查找”按钮。在“搜索结果”列表中右击相应的共享名称，选择“浏览”命令即可访问该共享文件夹中的内容。

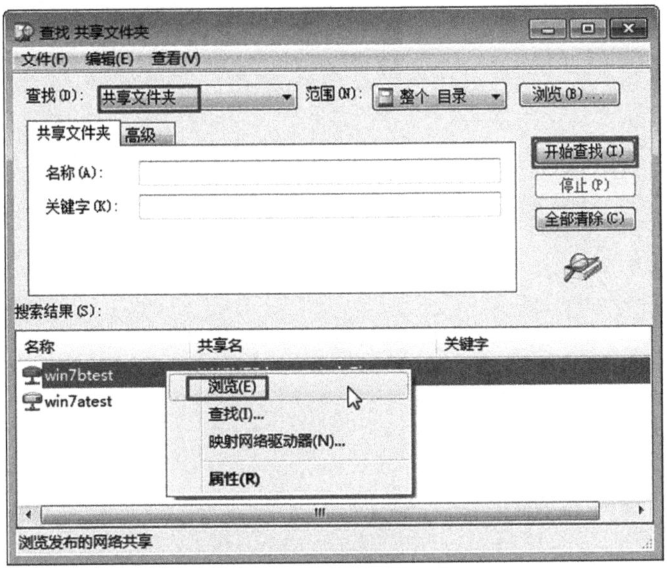

图 8-52　在 AD 中搜索共享文件夹

任务小结

本任务介绍了在活动目录中发布共享文件夹的两种方法以及在活动目录中搜索共享文件夹的方法。

【练一练】

将域中成员计算机上的文件夹共享并发布到活动目录中。

模块实训

利用虚拟机搭建一个拥有一台域控制器、两台 Win7 成员计算机的域环境，域名为 xyz.net，并完成以下任务：

①在域中建立“人事部”和“业务部”组织单位。

②在“人事部”组织单位中新建用户 zhu 和 fan。在“业务部”组织单位中新建用户 gan 和 tang 及全局组 ywb，并将用户 gan 和 tang 加入全局组 ywb。

③配置所有域用户的配置文件及主文件夹为网络路径，实现用户配置文件的漫游和个人文件的网络储存。

④将其中一台 Win7 计算机上的共享文件夹发布到活动目录中。

模块九

组策略应用实例

王明是一家公司的网络管理员,公司网络采用了域结构。在每次创建域用户时,他为设置复杂而冗长的密码而烦恼。公司内部有自己的网站,上面发布着公司的新闻、通知等。现在老板要求员工每天上网前必须访问公司的主页,让员工了解公司的动态信息。公司老员工比较多,对软件安装不熟悉,经常需要王明亲自到场指导安装。有什么办法来简化上述工作呢?

学完本模块后,你将能够:

- 设置域密码策略;
- 利用组策略锁定用户 IE 主页;
- 利用组策略分发软件。

任务一　更改密码策略

计算机加入域后，会受到域的统一管理，而 Server 系统作为服务器系统，它的安全系数很高：比如它的密码要求是强密码，要求使用特殊的字符串组成，而且最小长度也有限制。但域用户希望使用的密码是简单密码，这就需要更改用户的密码策略来实现。

任务描述

本任务将在域控制器上针对域设置密码策略，使得域用户可以使用纯字母或数字作密码，且密码长度可以少至两个字符，使密码更易记忆。

【相关知识】

组策略(Group Policy)是管理员为用户和计算机定义并控制程序、网络资源及操作系统行为的主要工具。使用组策略可以给同组的计算机或用户强加一套统一的标准，如用户桌面环境、计算机启动/关机与用户登录/注销时所执行的脚本文件、软件分发、安全设置等。

计算机是否加入域对策略的影响是很大的。没有加入域的计算机只有本地策略起作用，如果计算机加入域中，牵涉的组策略就复杂得多了，包括本地策略、默认域策略、默认域控制器策略，还有组织单位上的策略等。

本地计算机组策略的作用范围仅限于本地计算机。Active Directory 域组策略的作用范围是整个 Active Directory 域中的用户和计算机。

任务分析

Windows Server 2008 R2 域中的计算机由于受到默认域策略中密码策略的限制，用户必须使用强密码。要使用户使用简单密码，可以在域控制器上使用组策略管理工具修改“默认域策略”中的密码策略，以满足用户对密码的要求。

任务实施

1. 体验默认密码策略

如图 9-1 所示，在域控制器上创建用户“张三”时出现无法设置密码的错误提示，原因是密码不满足密码策略的要求。

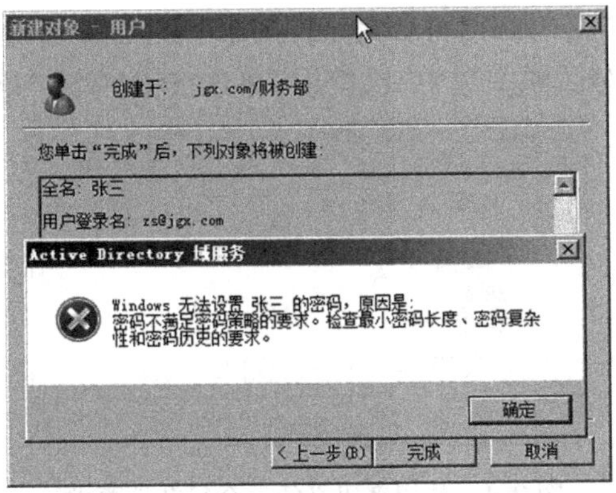

图 9-1　密码不满足密码策略的要求

2. 修改默认域策略中的密码策略

①执行 gpmc. msc 命令或执行"开始"→"管理工具"→"组策略管理"命令，打开"组策略管理"控制台。

②如图 9-2 所示，在控制台树中依次展开"林:jgx. com" →"域"→"jgx. com"，右击"jgx. com"下方的"Default Domain Policy"(默认域策略)链接，选择"编辑"命令。

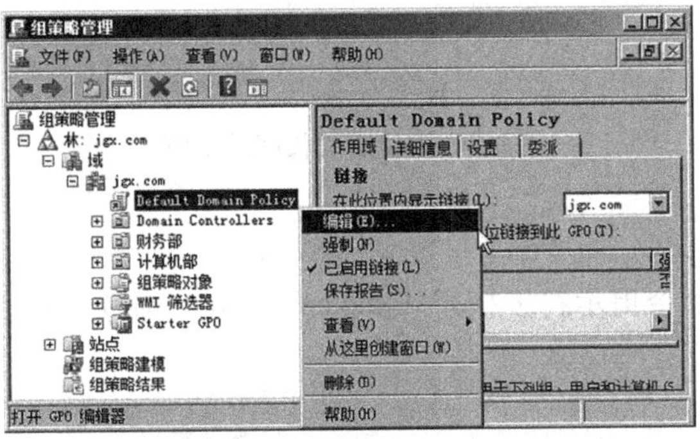

图 9-2　编辑默认域策略

③如图 9-3 所示，在打开的组策略管理编辑器中依次展开左侧的"计算机配置"→"策略"→"Windows 设置"→"安全设置"→"账户策略"，选中下方的"密码策略"，在右侧可以看到已启用了"密码必须符合复杂性要求"以及"密码长度最小值"为 7 个字符。

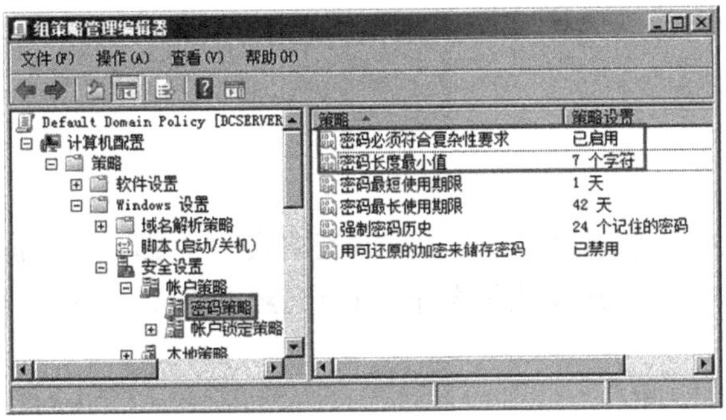

图 9-3　查看密码策略

④双击图 9-3 右侧的“密码必须符合复杂性要求”项，在弹出的如图 9-4 所示的“密码必须符合复杂性要求属性”对话框中选中“已禁用”单选按钮，单击“确定”按钮。

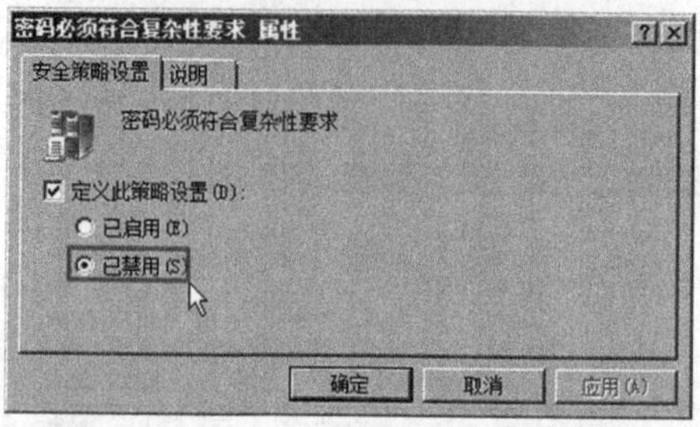

图 9-4　禁用密码必须符合复杂性要求

⑤双击图 9-3 右侧的“密码长度最小值”项，在弹出的如图 9-5 所示的“密码长度最小值属性”对话框中设置密码必须至少是两个字符，单击“确定”按钮。

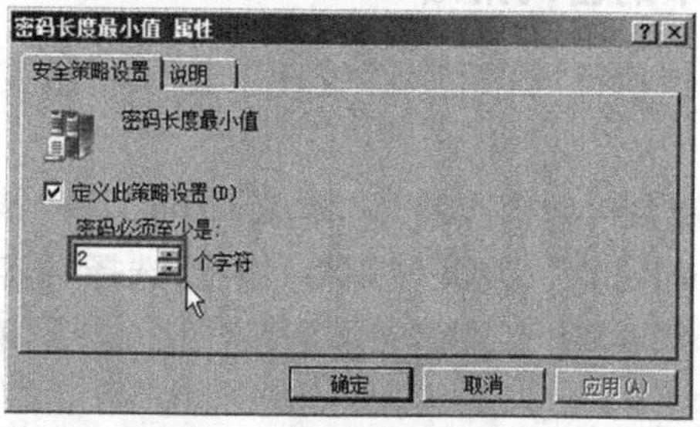

图 9-5　设置密码长度最小值

3. 更新组策略

如图 9-6 所示，在命令提示符下执行“gpupdate /force”命令，更新组策略。

图 9-6　更新组策略

小提示

- gpupdate 是更新组策略的命令，可以让组策略设置立即生效，加/force 参数表示重新运用所有策略设置。在默认情况下，只有已经改变了的策略设置才会被应用。

任务小结

本任务通过修改默认域策略中的密码策略，使用户可以使用简单密码。该策略的修改会对域中的所有用户起作用。从安全的角度出发，建议还是保留其默认设置。

【练一练】

设置域用户账户密码策略，要求密码必须符合复杂性要求，密码最小长度为 10 个字符，密码最长使用期限为 50 天。

任务二　锁定 IE 主页

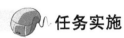

利用组策略锁定 IE 主页，让 IE 主页设置失效，不仅可以方便用户浏览经常访问的网站，而且可以避免流氓软件修改电脑主页。

任务描述

本任务将创建并编辑新的组策略对象“Lock IE Home”，将其链接到组织单位，让组织单位中的用户无法更改主页。

任务分析

可以利用“组策略管理”工具创建组策略对象，然后利用“组策略管理编辑器”工具对组策略对象进行编辑，最后将编辑好的组策略对象链接到组织单位上让其生效。

任务实施

1. 建立组织单位和用户

在域控制器上利用“Active Directory 用户和计算机”管理工具建立“计算机部”和“财务部”组织单位，在“财务部”组织单位中建立用户 Ma 和 Cao。

2. 查看 IE 默认设置

①如图 9-7 所示，在加入域的计算机上以域用户 Ma 登录，打开 IE 浏览器，选择“工具”→“Internet 选项”命令。

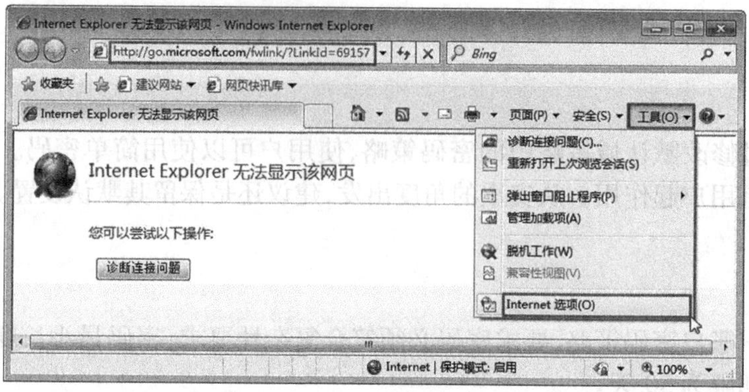

图 9-7　打开 Internet 选项

②如图 9-8 所示，IE 主页未锁定，用户可以修改。

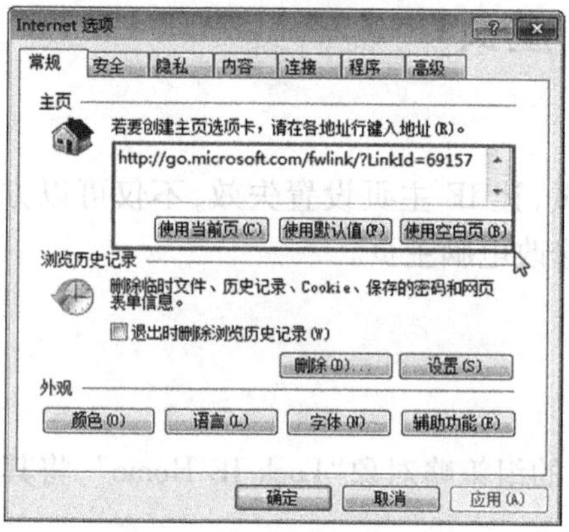

图 9-8　查看 IE 主页是否锁定

3. 创建并编辑组策略对象

①执行“开始”→“管理工具”→“组策略管理”命令，打开“组策略管理”控制台。

②如图 9-9 所示，右击“组策略对象”，选择“新建”命令，在打开的“新建 GPO”对话框中输入 GPO 的名称“Lock IE Home”，单击“确定”按钮。

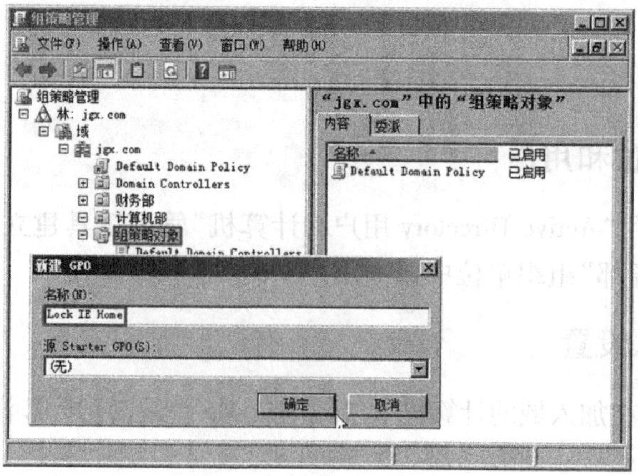

图 9-9　新建组策略对象

③如图 9-10 所示，右击刚新建的组策略对象“Lock IE Home”，选择“编辑”命令。

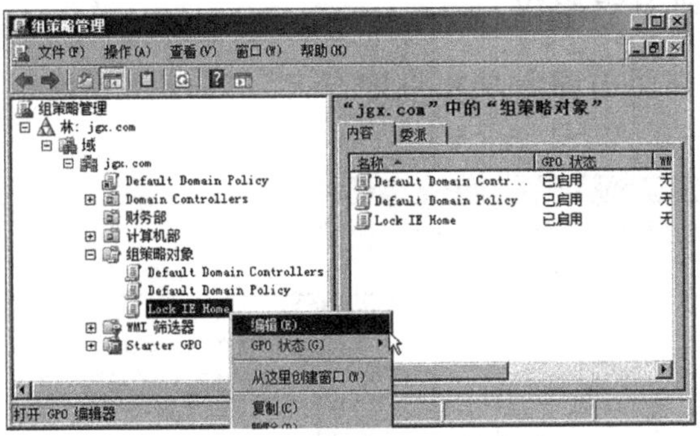

图 9-10　编辑组策略对象

④如图 9-11 所示，在打开的“组策略管理编辑器”控制台树中，依次展开“用户配置”→“策略”→“管理模板”→“Windows 组件”→“Internet Explorer”，双击右侧的“禁用更改主页设置”。

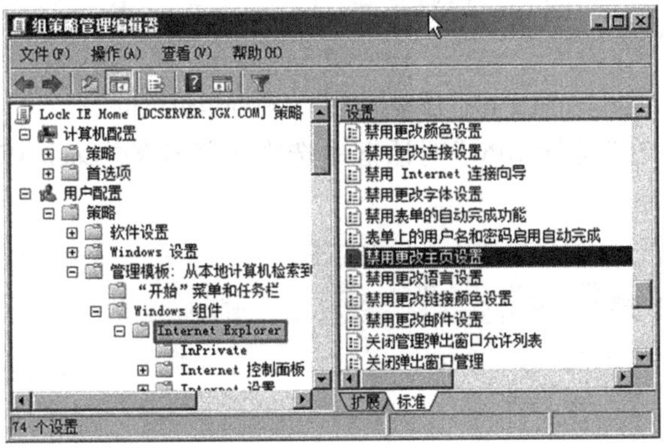

图 9-11　禁用更改主页设置

⑤如图 9-12 所示，在“禁用更改主页设置”对话框中选中“已启用”单选按钮，在“主页”后的文本框中输入“http://www.jgx.com”，单击“确定”按钮。

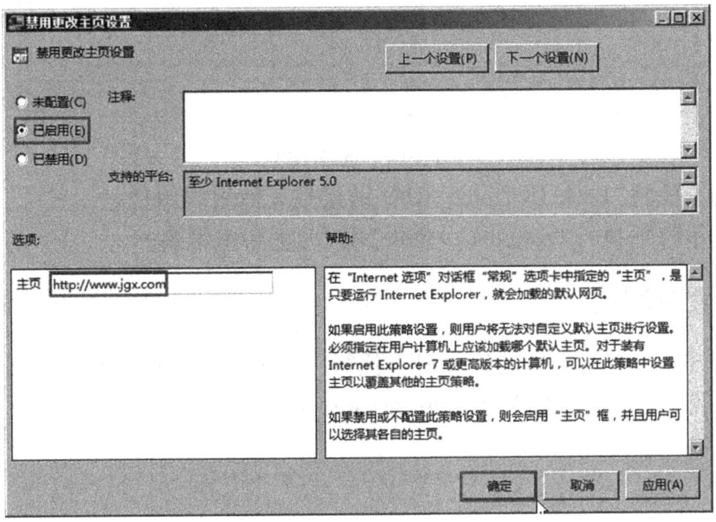

图 9-12　锁定 IE 主页

4. 将 GPO 链接到组织单位

①如图 9-13 所示,在组策略管理窗口中右击“计算机部”组织单位,选择“链接现有 GPO”命令。

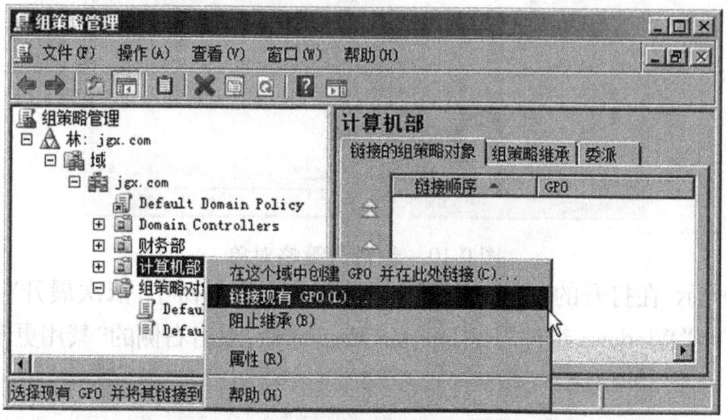

图 9-13　链接组策略对象到组织单位

②如图 9-14 所示,在“选择 GPO”对话框中选中刚新建的“Lock IE Home”,单击“确定”按钮。

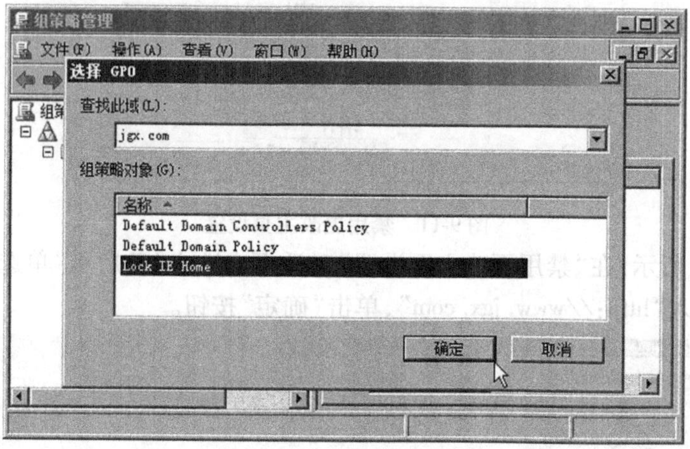

图 9-14　选择 GPO

③用同样的方法将“Lock IE Home”GPO 链接到其他组织单位。

④在命令提示符下执行“gpupdate /force”命令,更新组策略。

5. 客户端登录测试

①如图 9-15 所示,在加入域的计算机上执行“注销”命令,重新用用户 Ma 登录。再次打开 IE 浏览器,可见 IE 主页已设置为“http://www.jgx.com”。

图 9-15　打开 IE

②如图 9-16 所示，重新打开“Internet 选项”对话框，可见 IE 主页已锁定，用户已不能修改。

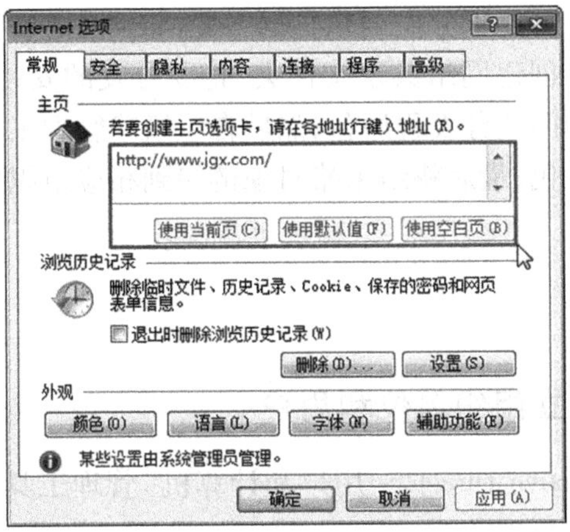

图 9-16　IE 已锁定

任务小结

本任务介绍了利用组策略锁定用户 IE 主页的方法。

【练一练】

新建组策略，将“财务部”组织单位用户的 IE 主页锁定为“www. cfi. net. cn”。

任务三　分发软件

安装和维护软件对于从事网络管理的人来说是常事，也是一件特别耗时的事。如果我们面对几十、上百甚至更多的客户端要同时安装新软件时，采用手动操作可想而知是件多么费时又费力的事。面对这种情况，我们有没有更好的办法来解决这个问题呢？在这里给大家介绍一种简单可行的办法——利用组策略分发应用程序。

任务描述

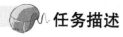

本任务将在域环境中利用组策略为客户机分发软件,在客户端由用户自由安装分发的软件。

任务分析

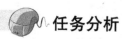

要利用组策略分发软件,要求分发的软件必须是.msi格式安装包。首先需要在发布服务器创建一个软件分发点:创建网络共享文件夹,将要分发的安装程序包放入此文件夹,设置共享权限,允许用户可访问此分发程序包;然后在组策略管理工具创建并编辑软件分发组策略对象,在其中分配程序包;最后将组策略对象链接到相应组织单位,实现软件分发。

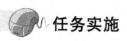

任务实施

1. 在域控制器上建立组织单位和用户

在域控制器上利用"Active Directory用户和计算机"管理工具建立"财务部"组织单位,在该组织单位中建立用户Ma和Cao。

2. 创建软件分发点

如图9-17所示,在域控制器上将包含分发软件acdsee31.msi的文件夹distribute设置为共享,共享权限设置为允许"everyone"读取。

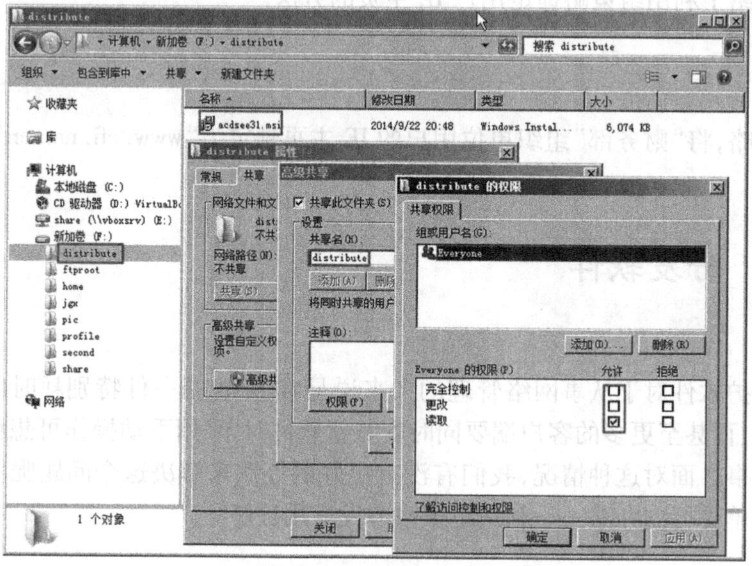

图9-17　创建软件分发点

3. 创建并编辑软件分发组策略对象

①执行“开始”→“管理工具”→“组策略管理”命令，打开“组策略管理”控制台。

②如图 9-18 所示，在“组策略管理”控制台树中依次展开“林：jgx. com”→“域”→“jgx. com”，右击下方的“财务部”，选择“在这个域中创建 GPO 并在此处链接”命令。

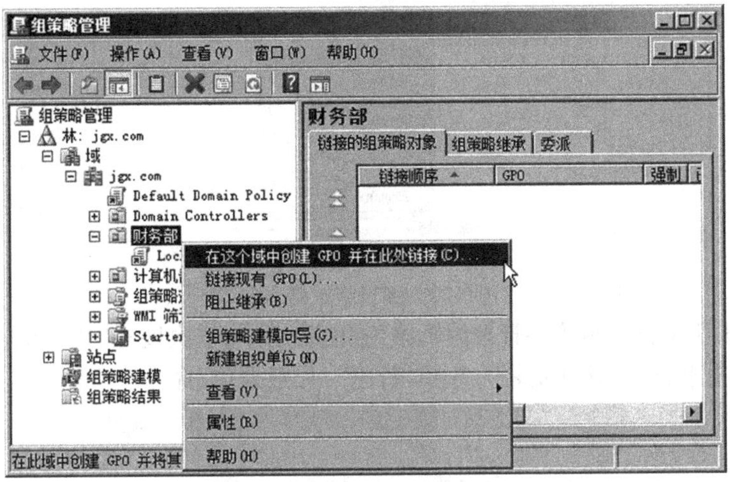

图 9-18　创建链接到财务部组织单位的 GPO

③如图 9-19 所示，在“新建 GPO”对话框中输入组策略对象的名称“Distribute Software”，单击“确定”按钮。

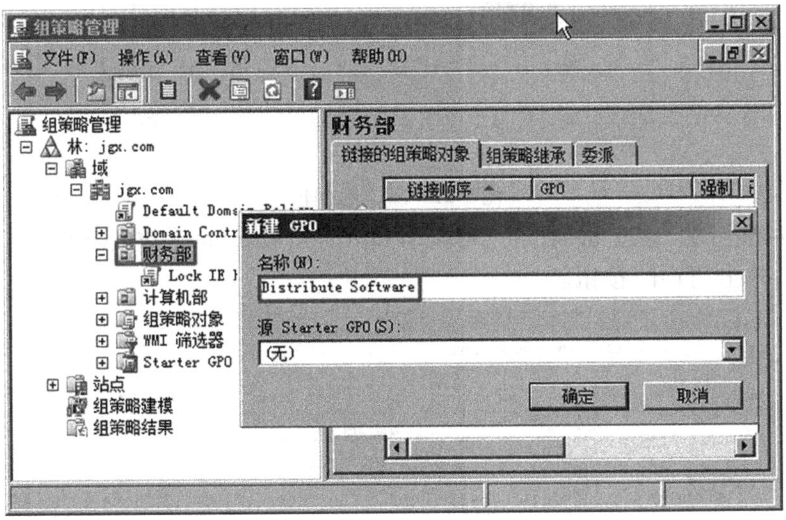

图 9-19　输入 GPO 名称

④如图 9-20 所示，右击组策略对象链接“Distribute Software”，选择“编辑”命令。

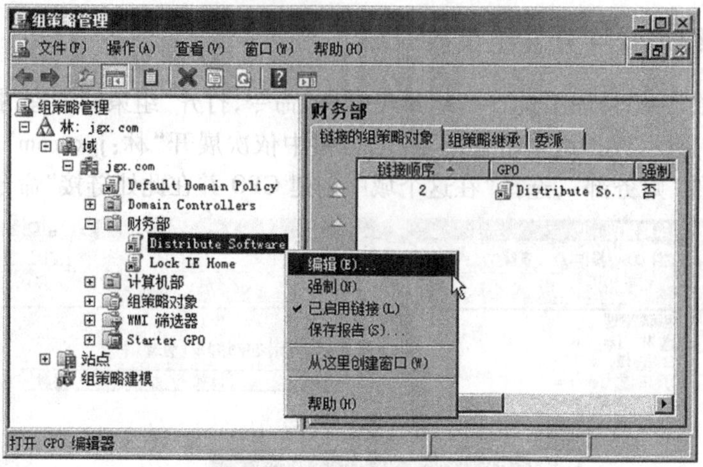

图 9-20 编辑组策略对象

⑤如图 9-21 所示,在“组策略管理编辑器”控制台树中,依次展开“用户配置”→“策略”→“软件设置”,右击下方的“软件安装”,选择“新建”→“数据包”命令。

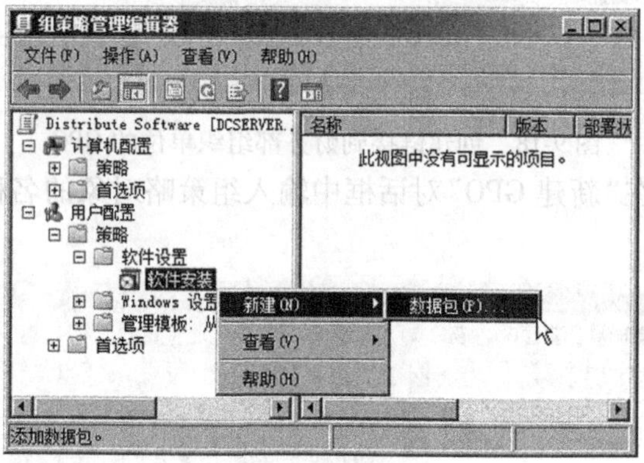

图 9-21 新建数据包

⑥如图 9-22 所示,通过“网络”→“DCSERVER”→“distribute”找到发布点中的安装文件 acdsee31. msi,单击“打开”按钮。

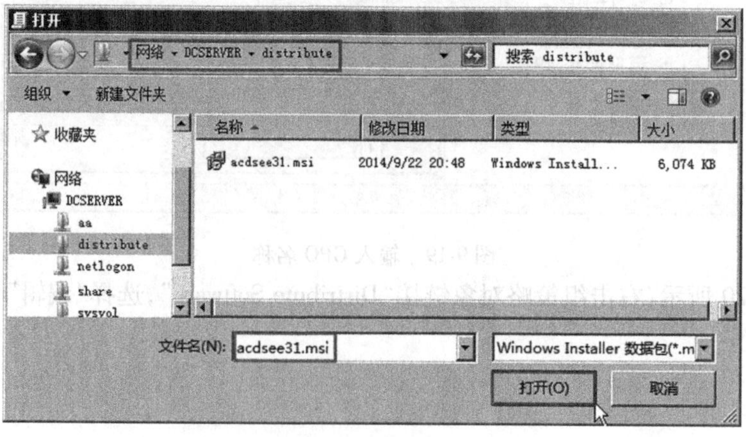

图 9-22 浏览安装文件

⑦如图 9-23 所示,在“部署软件”对话框中选中“已发布”单选按钮,单击“确定”按钮。

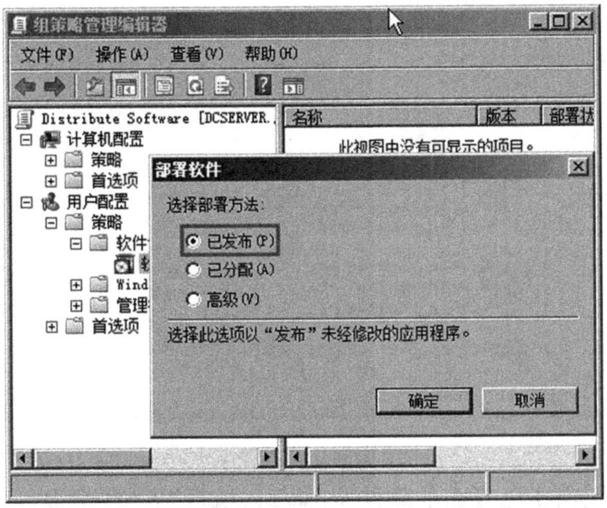

图 9-23 选择部署方法

⑧如图 9-24 所示,软件 acdsee31 发布完毕。

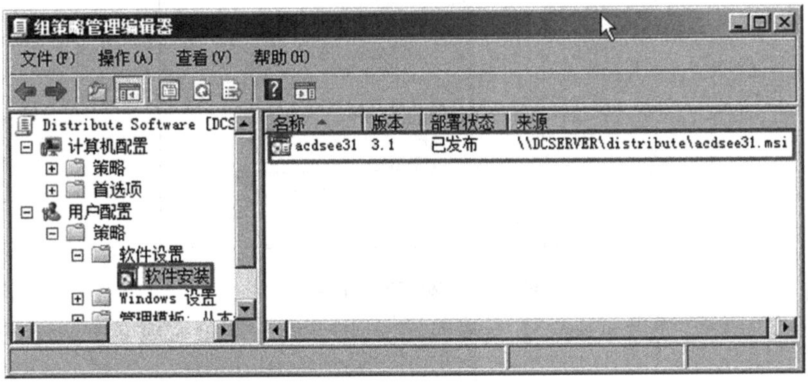

图 9-24 软件发布完毕

小提示

- “已发布”只能应用于用户配置,当把一个软件发布给域用户后,此软件并不会自动安装到用户的计算机内,而是由用户自行安装这个软件。“已分配”可以应用于用户配置和计算机配置。当通过组策略分配给域成员计算机后,这些计算机在启动时就会自动安装这个软件,而且任何用户登录都可以使用此软件。

⑨在命令提示下执行“gpupdate /force”命令,更新组策略。

4. 客户端测试

①在 Win7 客户机上以财务部组织单位中的用户 Cao 登录。

②如图 9-25 所示，打开"控制面板"，单击"获得程序"链接。

图 9-25　获得程序

③如图 9-26 所示，右击已发布的软件 acdsee31，执行"安装"命令。

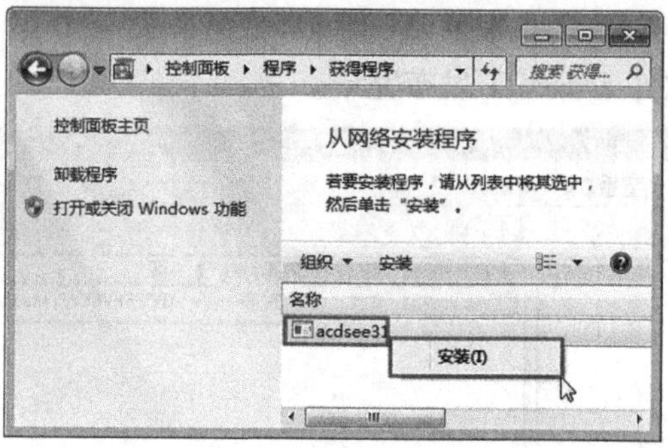

图 9-26　安装发布的程序

④如图 9-27 所示，弹出 acdsee31 安装向导，利用该向导即可完成 acdsee31 的安装。

图 9-27　开始安装软件

任务小结

本任务以发布软件 acdsee31 为例，介绍了在域环境中利用组策略发布软件的方法。

【练一练】

将要发布的软件封装成. msi 格式，利用组策略进行发布。

模块实训

1. 在域控制器上修改密码策略，允许域用户使用包含至少 6 个字符的简单密码。
2. 利用组策略将域中所有用户的 IE 主页锁定为“www. baidu. com”。
3. 利用组策略分配软件，实现域中计算机开机自动安装软件。

参考文献

[1]韩立刚. 贯彻 Windows Server 2008 网络基础架构[M]. 北京:清华大学出版社,2010.
[2]傅连仲. 网络操作系统[M]. 北京:高等教育出版社,2010.